世界遺産 富岡製糸場

遊子谷 玲

勁草書房

富岡製糸場全景。南側を鏑川が流れる高台に百棟を超す建物が広がる（提供；群馬県）
（本文 8 頁参照）

桜に彩られた富岡製糸場

富岡製糸場を背景に描いた原合名会社のフランス向けポスター
（提供；クリスチャン・ポラック氏）（本文 87 頁参照）

「富岡製糸場行啓」図（荒井寛方画　提供；聖徳記念絵画館）（本文 111 頁参照）

右側は東繭倉庫、左側は製糸場の中心施設、繰糸場

イギリスの世界遺産「ダーウェント峡谷」のマッソン・ミル
アークライトが初めて水力を動力に使った紡績工場（本文 157 頁参照）

はじめに

パリ東部二〇区。通称ペール・ラシェーズ墓地、正式にはパリ東墓地と呼ばれる、世界で最も有名な墓地の一つといってよいこの地には、きょうも観光客と思しき大勢の人々が歓声を響かせていた。彼らは、この墓地に眠るショパンやビゼー、エディット・ピアフ、ドラクロワ、モディリアーニといった世界中に名を知られた芸術家たちの墓碑を目的に、ここにやってくる。

そんな中、訪れる人もほとんどいない静かな墓碑に名を刻まれたフランス人が、今日本でにわかに脚光を浴び、わざわざ日本からこの墓を探し訪ねる人まで現れるようになった。

横浜・桜木町駅の山側に広がる野毛山公園のさらに西、横浜市営久保山霊園。三万基もの墓石が並ぶ一角に梵字以外には名前なども一切ない小さな五輪塔がある。横浜の街を見下ろす墓地のこの五輪塔は、かつて関東大震災で壊滅的な打撃を受けた横浜の街の復興に力を注ぎ、ここ数年少しずつ光が当たり始めている一人の実業家が眠る墓である。

信州松代藩の城下町として、また第二次大戦時には大本営を丸ごと移す計画があり、地下壕が掘られたことでも知られる長野市松代の市街地にひっそりと建つ小さなお寺、蓮乗寺。木の立札が立つ、この墓地の中では少し目立つ墓も、これまでの二基と同じように、今また人の口の端にその名が上り始めた故人の眠る地である。

二〇一四年（平成二六年）六月二一日、日本時間午後四時五五分、我が国で一八件目の世界遺産が誕生した。前年の富士山の世界遺産登録の際には、全国版の号外が日本各地で発行されたが、今回は群馬県だけで「世界遺産登録」を知らせる号外が配られた。

その名は、「富岡製糸場と絹産業遺産群」。

富岡製糸場はその名を知っている人も多いが、「絹産業遺産群」と聞いて、具体的に何かをイメージできる人は、一般にはあまりいないであろう。ましてその〝遺産群〟の具体名、「高山社跡」「荒船風穴」「田島弥平旧宅」と聞かされても、「跡」や「旧宅」という名前と、壮大で美の極致のような世界遺産とを結びつけられる人は、よほどの絹の専門家と地元の人以外ほとんどいないに違いない。

そんな地味な世界遺産ではあるが、富岡製糸場には同年の大型連休初日にユネスコの諮問機関から「登録が適当」との勧告が出て大きく報道されて以来、全国から観光客が押し寄せ、その広い敷地も、今や観光客で埋め尽くされているような状態である。

「日本最初の官営製糸工場」。「輸出の花形、生糸を生産する模範工場」。富岡製糸場に冠せられたこうした修飾語以上のディテールについて、この施設はこれまで一般にはあまり知られてこなかったが、折からの世界遺産ブームで、ユネスコの世界遺産暫定一覧表（候補地のリスト）にその名が刻まれる頃から、富岡製糸場の観光的知名度は急速に上がっていった。

冒頭に記した三つの墓地は、この富岡製糸場に深くゆかりのある人々が眠る墓地であり、富岡製糸場世界遺産登録の報を聞けば、さぞかし、墓石の下で感慨にふけるに違いない人々が葬られている。

パリのペール・ラシェーズ墓地に眠るのは、富岡製糸場の創業に最も深くかかわり、創業後は首長として製糸の技術移転に心血を注いだフランス人ポール・ブリュナであり、横浜の久保山霊園に眠るのは、三六年間の長きにわたって富岡製糸場の黄金期にその経営者となった原三溪であり、信州松代に眠るのは、操業開始の翌年に富岡製糸場に工女として入場し、糸取りの仕事や寄宿舎生活を瑞々しく描いた手記である『富岡日記』を残したことで知られる和田英である。

この書は、富岡製糸場の世界遺産登録に触発され、この施設についてこれまであまり語られてこなかった視座から、絹産業の世界遺産登録の意義をあらためて問い直してみたいという目的で書かれたものである。とはいっても、すでに様々な研究のあるブリュナや和田英のことを詳しく語ろうという内容ではない。正史のど真ん中ではなく周縁部分、あるいは少し脱線をしながらも意外なつながりを発見できるような視点から、富岡製糸場や生糸を挽くという産業について語ってみようという試みである。

富岡製糸場には、『日本のシルクロード——富岡製糸場と絹産業遺産群』（中公新書ラクレ）、『富岡製糸場と絹産業遺産群』（ベスト新書）というような読みやすい入門書もあるので、ここではその次のステップとして、少し違った角度から富岡製糸場の魅力について知りたいという方々のために、筆を起こすこととした。この本を手に取った方々のうちの一人でも多くの方が実際に富岡製糸場を訪れ、さまざまなことを感じていただければ、望外の喜びである。

なお、富岡製糸場は、時代によって「富岡製糸所」「富岡工場」など呼称が変更されているが、拙著の中では、原則「富岡製糸場」に統一しているので、その時々の名称とは厳密には異なっていることがあることをお断りさせていただく。また、人名などの固有名詞の表記についても現代表記を原則としている。掲載の画像については逐一提供者のお名前を付した。注のないものは、著者の撮影もしくは所蔵である。なお、富岡製糸場の写真については、富岡市・富岡製糸場の撮影協力をいただいている。

目次

「世界遺産・富岡製糸場」

序章

入門・富岡製糸場

東繭倉庫のアーチ

一千件目？　の世界遺産

世界遺産は、毎年六月ころ、ユネスコ世界遺産委員会の委員二一人の出身国のどこかで持ち回りで開かれる会議で新たな物件が登録される。二〇一四年の世界遺産委員会は、六月一五日から二五日まで中東の産油国カタールのドーハで開かれた。ドーハと言えば、サッカーファンにとっては、一九九四年開催のアメリカ・ワールドカップのアジア最終予選で、試合終了間際のロスタイムに日本代表チームがイラクに同点とされ、ワールドカップ出場を逃した「ドーハの悲劇」で知られる。この不吉めいた都市の因縁が、世界遺産の登録に影響せねば良いがというのが、登録を間近に控えた関係者の懸念であった。しかし、そんな心配を吹き飛ばし、「富岡製糸場と絹産業遺産群」は、委員の満場一致の支持を受けて見事世界遺産の栄誉を勝ち取った。

今年の世界遺産委員会の注目は、九八一件にまで数が積み上がっていた世界遺産が一千件の大台を超えるかどうか、そして栄誉ある一千件目の世界遺産はどこかということであった。「富岡製糸場と絹産業遺産群」は、この委員会で三番目に九八四番目の世界遺産として登録、アフリカ・ボツワナの「オカバンゴ・デルタ」が一千件目の世界遺産となり、総数は一〇〇七件となった。

さて、最近は、「和食が無形文化遺産に！」とか、「鹿児島・知覧の特攻隊の遺書を世界記憶遺産に申請」と言ったように、世界遺産の仲間があちこちで増えて、世界遺産の概念がわかりにくくなってきている感がある。そこで、まず、あまりに基礎的な話ではあるが、「世界遺産」について、この後、本書を読み進めていくうえで最低限必要な情報を簡単に記しておきたい。

「世界遺産」とは？

「世界遺産」は、国連の一機関であるユネスコ、国際連合科学教育文化機関が、人類の歴史や地球の営みを伝える〝宝物〟の中で特に価値の高いものを後世に残すために、「世界遺産一覧表」に記載し、広く周知するとともに、保護計画をモニタリングしたり、開発の手にさらされたりしないよう勧告する制度である。

一九七八年に一二件の登録からスタートした世界遺産は、毎年登録件数を増やし、二〇一四年についに一千件の大台に乗った。先ほど例に出した「和食」や「歌舞伎」のような無形文化遺産や、「山本作兵衛の炭鉱画」のような記憶遺産は、同じユネスコの所管ではあるが、世界遺産とは異なる範疇のものである。また、世界遺産は、一度登録されれば未来永劫そのまま登録され続けるわけではなく、これまでに二件の物件が登録を抹消されている。

よく豪華な建物を見て、「さすが世界遺産だ」とか、「まるで世界遺産のようだ」というような感想を持つ人がいるし、それは自然なことに思えるが、世界遺産はその建物が豪華であったり、歴史が古かったり、単に景色が良かったりというだけで、登録されるわけではない。また、逆に歴史が浅くても、ぱっと見が地味でも、登録された例はいくらでもある。

オーストラリアのシンボル的な建造物ともいえる「シドニーのオペラハウス」は、一九七七年完成というかなり新しい建物で、竣工後わずか二五年で世界遺産に登録されているし、現在も建設が続くバルセロナの「サグラダ・ファミリア贖罪聖堂」は完成している生誕のファサードと地下聖堂のみが「アントニ・ガウディの作品群」の構成資産として世界遺産の仲間入りを果たしている。そのほかにも二〇世紀の建造物で世界遺産に登録されたものは少なくない。

世界遺産の登録に必要な要件は、「推薦する物件にきわめて高い文化的・自然的価値があること」（英語ではOutstanding Universal Value、通常「顕著な普遍的価値」と訳す）と、推薦した国や地域にその物件を保護する意志や具体的なプログラムがあることの二点である。いくら素晴らしい価値があっても、その価値を守ろうとしなければ、世界遺産には登録されない。

富岡製糸場は、工場閉鎖の翌年の一九八八年に地元有志による「富岡製糸場を愛する会」が結成され、操業を終えた製糸場の保存・活用が議論され始めた。その後、二〇〇三年、当時の群馬県知事が行政として登録を推進していくことを宣言、自治体と市民活動の両輪での登録運動が動き始めた。また、当初は、富岡製糸場だけが登録の対象であったが、関連する生糸にかかわる県内の資産も候補とされ、二〇〇七年、「富岡製糸場と絹産業遺産群」という名称で、富岡製糸場の敷地内の施設の一群と、県内の他の自治体にある九件の物件を合わせた一〇の構成資産で正式な世界遺産候補となった。さらに、その後正式にユネスコに登録申請をするにあたって四つの構成資産に絞り込まれた。

「製糸場」は何をするところか？

さて、この「製糸場」なるものの中でどんなことが行われているか実際に見たことがある人はどのくらいいるだろうか？　現在、日本で一定の規模で製糸を行う現役の機械製糸場は二か所しかなく、しかも一般には公開されていない。小規模なところは、長野県岡谷市など数か所にあるが、これも一般の人の目に触れる機会はほとんどない。そして、富岡製糸場自体も、すでに操業を停止しているので、実際に訪れても、製糸用の機械は残されてはいても稼働しているところは見ることができない。製糸場と言われても、具体的に何をしているところなのか、想像がつきにくいのではないだろうか。

製糸場、あるいは製糸工場は、農家が飼育した蚕の繭を原料に、その繭をほぐした細い糸を何本か撚り合わせて一定の太さの糸（生糸）を作る工場のことである。通常、一つの繭は一本につながっており、お湯に沈めて繭をほぐし、糸の端を見つけて引き出していけば、途切れることなく一千メートルを超える糸になる。ただし、この糸は一本では細すぎて織物には使えない。そこで、糸を数本から十数本束ねて、しかもほぐれないよう、また強度を増すために撚《よ》りをかけて、織物に使えるような糸にする。この工程を日本で初めて官営で器械を使って大規模に行ったのが富岡製糸場である。

ちなみに、生糸を「紡ぐ」という言い方をよく見かけるが、「紡ぐ」というのは、羊毛や綿糸、あるいはくず繭をつぶして作られる真綿のように、短い繊維をつないで糸にしていく作業を指し、一本の糸を何本かまとめて撚る「製糸」の作業にはあてはまらない。大島紬、結城紬など、絹製品にも「紬《つむぎ》」という織物があるが、これは真綿から作られる「紬糸」を使うので、まさに紡いで作られる。「紡ぐ」という言葉は、「言葉を紡ぐ」「物語を紡ぐ」というように詩的な言葉で安易に使われがちだが、生糸は「紡ぐ」のではなく、「挽《ひ》く」あるいは「繰る」ものであることを押さえておきたい。だからこそ、富岡製糸場は「紡績工場」とは言わないのである。

「絹産業遺産」とは、蚕を育てて繭を作らせ、その繭から生糸を生み出し、さらには生糸から絹織物を織る一連の産業にかかわる施設の総称である。繭を生産するのは、蚕を飼育する農家であり、農家から運ばれた繭は製糸場で生糸となり、その生糸は織物工場、日本で言えば、京都の西陣や群馬県の桐生など、絹織物を織る工場に運ばれて製品となる。このように絹織物ができる一連の過程の結節点となっているのが、製糸場という施設である。

三棟の巨大建築

富岡製糸場は、群馬県の南西部、人口およそ五万人の富岡市の中心市街に、ぐるりと三方を塀に囲まれ、一方を鏑《かぶら》川の崖に面した敷地に建つ。敷地面積は、五二〇〇〇平方メートル（創業時、のちに拡張）で、東京ドームの建築面積四六七〇〇平方メートルより一回り広い。この敷地の中に、一八七二年（明治五年）の創業時から残る建物や、その後増築された建物など、ざっと数えただけでも一〇〇棟を超える建造物が残されている（口絵写真参照）。

敷地全体が国の史跡に指定されているほか、九件の創業期の建物・施設が国の重要文化財となっている。

農家から運ばれた繭は、まず燥繭所（創業時の燥繭所の建物は現存していない）で加熱される。繭の中にいる生きた蛹を殺して繭を食い破って出てこないようにするとともに、繭を乾燥させる役割を持つ。この繭を保管するために建てられたのが、東西二棟の置繭所であり、現在は東繭倉庫、西繭倉庫と呼ばれている。正門から製糸場に入り、受付を済ませてそのまままっすぐ歩くと、赤レン

操業開始時の富岡製糸場（提供；富岡市・富岡製糸場）

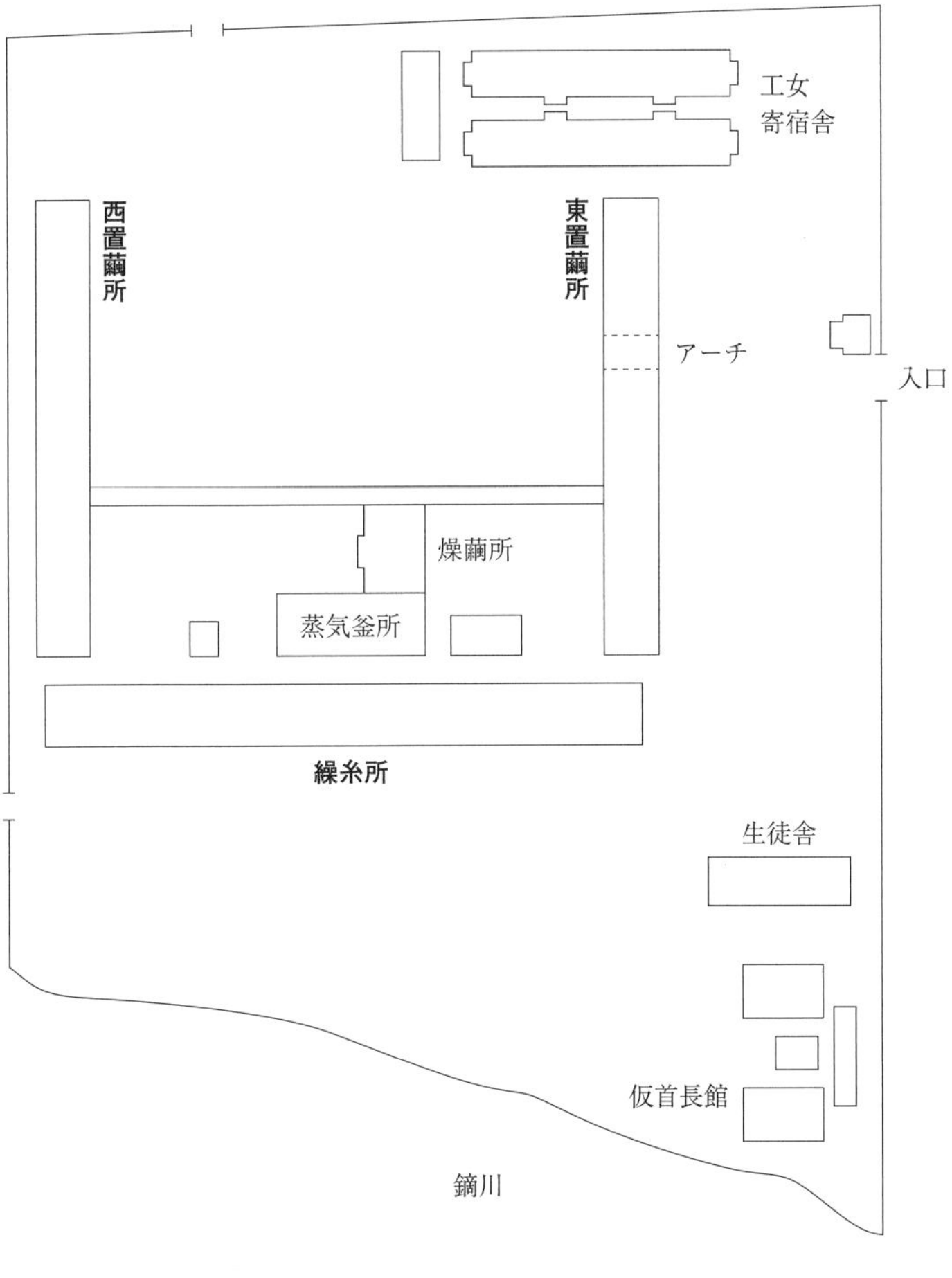

「明治５年」のキーストーン

東繭倉庫アーチ

ガの建物にアーチ形の門があり、その門の上に赤れんがに挟まれて、明治五年と刻まれた石がはまっている。富岡製糸場のシンボルともなっている このキーストーンがあるのが、東繭倉庫である。一八七二年の創業時には完成していた、この製糸場で最も古い建物の一つである。「木骨レンガ造」と呼ばれる手法で造られた、総二階建ての建物で、長さは一〇四・四メートル。礎石の上に通し柱を建て、木材の梁でしっかりとした骨組みを作り、壁にはレンガを積み重ねて荷重を直接受けない手法（建築用語でカーテンウォールと呼ぶ）で建造されている。屋根には日本の伝統工法である瓦が葺かれている。ほぼ同じ構造、大きさの西繭倉庫と合わせて、一年間に使う繭をここで保管していた。

ただし、すべてを倉庫にしていたわけではなく、東繭倉庫の一階南半分は事務所や雑品倉庫に、東北半分は繭の受け入れ施設として使われ、西繭倉庫の北半分は蒸気機関の運転に使う石炭置き場、南半分は繭を選別する場所などに使われた。また、西繭倉庫は入口から一番奥側にあるため、アーチ状の通路は設けられていない。東繭倉庫のアーチの先は、今は木々があって奥が見通せないが、建設当時は、西繭倉庫が正面に見えた。正門から見ると、アーチの向こうに遠くもう一つの赤レンガの倉庫が見通せて、工場の巨大さが視覚的に伝わる、そんな仕組みがアーチには施されていた。

この二棟の繭倉庫と接するようにして直角の位置に建つのが、その繭から糸を挽く「繰糸所」、現在は繰糸場と呼ばれる富岡製糸場の中で最も重要な建物である。長さは一四〇・四メートル。創業時には世界最大級の製糸工場で、フランスから輸入された最新の繰糸器が三〇〇台並べられ、全国から集まった工女が製糸作業に従事した。今見ても巨大な、そして整然とした美しさを湛えた建物である。天井を見ると、木でトラスを組んだ和風の小屋組みとなっていること、屋根の上の部分に湿気を逃がす越屋根がついていること、そしてレンガ積みの間にガラスがはまり、

東繭倉庫全景

西繭倉庫全景

繰糸場全景

内部を明るくしているのが大きな特徴である。創業当時、まだ工場に照明はなく、外光を取り入れることにより、作業に必要な明るさを確保していた。そのため繰糸場は、東西に細長く伸び、南からの太陽が一日中差し込むようになっていた。必然的に夏の操業時間は長く、冬の操業時間は短かった。

繰糸場内は、柱もなく、動力を繰糸器に伝えるシャフトやベルトも見えないので、非常にすっきりしている。トラス構造で瓦が何十万枚も載った屋根の荷重を壁に逃がしているため柱は必要なく、またシャフトは地面の下を通していた。柱がないため繰糸場は奥まで見通せ、一四〇メートルという長大な建物の規模がストレートに伝わる。ここは模範工場として建てられ見学に訪れる人も多かったため、初めて繰糸場に足を踏み入れた者は誰もがその規模に歓声を上げたに違いない。動力軸を視界から隠したのも、同様の目的があったとともに、安全性への配慮も大きかったと思われる。

繰糸場の北側には、この工場のもう一つの心臓部である「蒸気釜所」が残っている。蒸気を作るボイラーや蒸気を動力に換える蒸気エンジンが設置された場所であった。ただ、大正以降動力は電気に置き換えられたので、ここはのちに繭を選別する施設などに転用された。そのため、かなり改造されている。

繰糸場内部

蒸気釜所

コロニアル様式の建物

操業開始後には、現在、観光客のチケット売り場となっている事務所棟（当時は、フランス人男性技術者の宿舎で「検査人館」として建てられた）と、その棟続きにあるフランス人女性指導者の住まい「女工館」、そして首長のポール・ブリュナが家族とともに住んだ「首長館」の工事が始まり、翌年に竣工している。どの建物も四方にベランダ

首長館（ブリュナ館）全景

が巡らされたコロニアル様式（長崎市に残る貿易商トーマス・グラバーの邸宅である「旧グラバー邸宅」などの洋風住宅に見られる建築様式）だが、構造は繰糸場や繭倉庫と同じ木骨レンガ造である。彼らお雇い外国人は、一八七五年末にはすべて富岡製糸場から去ったが、それぞれの建物は、貴賓室や職員食堂、教育施設など全く別の用途に使用されながら、外観を大きく損なうことなく、一四〇年の風雪に耐えて、現在までその姿を残している。このほか、創業時の煙突の基部や地下に造られた排水溝なども残されており、草創期の姿を知る貴重な遺構となっている。

さらに、その後造られた揚返《あげかえし》工場（揚返については後述）や工女の寄宿舎、社員の社宅、診療所、乾繭所など、昭和の時代まで必要に応じて増設されたり、改築されたりした建物群が敷地全体に散在しており、文化財指定を受けていないものも含め、同一業種の工場の中の施設の時代的変遷を伝える建物群が残存していることが、富岡製糸場の大きな特色である。

なお、創業当初、東繭倉庫の北側、繰糸場とは反対側に工女が寝起きする寄宿舎が設けられたが、現在は、その位置にはその後建てられた工場長や幹部が住む社宅などが並んでおり、寄宿舎はその後の増築で繰糸場の南側へと変わっている。工女は、毎朝、整列して寄宿舎から東繭倉庫の壁沿いに設けられたベランダを通って、繰糸場に向かっていた。

同時期に作られた工場との決定的な違い

明治時代の建物を多く保存する施設として、愛知県犬山市にある「博物館明治村」がよく知られている。ここには、富岡製糸場と同時期に完成した建物が移築されている。「鉄道寮新橋工場」である。

富岡製糸場が完成した一八七二年は、日本の近代産業史上もう一つ大きなエポックがあった。新橋・横浜間の鉄道の開業である。富岡製糸場の開場のわずか二〇日ほど前に、日本で最初の鉄道が産声を上げたことになる（実際には同年六月に品川・横浜間で仮開業している）。現在の汐留にある新橋駅には、停車場のほかに、石炭庫や機関車庫など多くの施設が併設されたが、そのうちの一つが機関車修復場である。現在、「鉄道寮新橋工場」として明治村で公開されているこの建物は、富岡製糸場と同じ齢を重ねているが、規模や造りは大きく異なる。こちらは鉄でできたプレハブ造りで、イギリス人技術者の指導の下、すべての材料をイギリスから輸入して造られた。内部の天井部分はトラス構造になっており、そこだけは富岡の繰糸場と共通点を持っている。現在、明治村で見られ

鉄道寮新橋工場（提供；博物館明治村）

るものは二棟並びとなっているが、うち一棟は大正初期に東京・大井町に移転した際に拡張されたものなので、創業時は一棟だけだった。

またそれより少し早い時代に建てられた機械工場が鹿児島市に残されている。薩摩藩によって建てられた旧集成館機械工場である。竣工は一八六五年（慶応元年）。こちらは長さが七七メートルと規模は大きいが石造りである。洋風なので外国人の手によるもののように見えるが、薩摩藩に命じられて日本人の手により造られた建築である。富岡製糸場の繰糸場などと同様、国の重要文化財であると同時に、世界遺産暫定一覧表に記載され、二〇一五年の世界遺産登録を目指している「明治日本の産業革命遺産〜九州・山口と関連地域〜」の構成資産でもある。

大阪には、明治政府によって、富岡製糸場より一年前に完成した工場があった。国の貨幣鋳造工場である造幣寮鋳造所である。現在も独立行政法

旧集成館機械工場（鹿児島市）

人造幣局として貨幣の鋳造をしており、関西の人には、「桜の通り抜け」の場所としてよく知られている。しかし、当時の建物で残っているのは、鋳造所の正面玄関部分と、鋳造所の応接所として建てられた泉布観《せんぷかん》という建物のみ（どちらも国重要文化財）で、工場そのものは残っていない。

富岡製糸場からそう遠くない群馬県高崎市新町には、一般に公開されてはいないが、一八七七年に操業を開始した、「官営新町紡績所」の建物が残されている。日本人大工による木造平屋の建物で、周囲にのちに増築された建物が巡らされているので、建物全体の構造がわかりにくいが、かなり規模が大きく、富岡製糸場からわずか五年でこうした工場が日本人の手で造られているのは、時代の急速な進歩を感じさせる。

このように幕末から明治初期に建てられた工場で現存しているものがいくつかあるが、「日欧合作による和洋折衷の建物」は、富岡製糸場をおい

擬洋風建築の傑作、旧開智学校（松本市）

て他にはない。屋根を瓦で覆い木を骨組みにしながら壁にはレンガを使った工法も、地元の石や木を使いながら、日本で調達できない蝶番《ちょうつがい》やガラスなどの輸入品を組み合わせた点も特筆すべきである。一八七〇～八〇年代には、日本人の大工が西洋建築を見よう見真似で建てた「擬洋風建築」と呼ばれる、一見西洋風の建物が官公署や学校建築（松本市の旧開智学校や京都市の龍谷大学大宮校舎などが代表的）に多く見られるようになるが、その意味での和洋折衷とも違う、正統な和洋折衷建築なのである。

「日本最初の官営の製糸工場」の意味

富岡製糸場を紹介する枕詞として必ずつけられる「日本最初の官営」とはどういう意味だろうか？「日本最初」ということは、日本で二番目、三番目の官営製糸工場もあり、そして、「日本最後の官営の製糸工場」もあるのだろうか？

結論から言えば、富岡製糸場は、日本で最初の官営製糸場であると同時に、規模的に言えば、ほとんど唯一の官営製糸場であったといってよい。つまり、最初も最後もないのである。

富岡製糸場開場後の官営の繊維関係の工場としては、千住製絨所《せいじゅう》（東京府、一八七九年開業）、新町紡績所（群馬県、一八七七年開業）、愛知紡績所（愛知県、一八八一年開業）があるが、このうち千住は毛織物、愛知は綿紡績であり、前項で触れた新町紡績所が唯一の絹関連の工場である。ただし、富岡製糸場のような製糸工場ではなく、製糸場から出たくず糸や製糸場で使えないくず繭を用いて紡績をする工場であり、ここで造られた糸は輸出用ではなく、国内の絹織物の材料として使われた。富岡製糸場のような純粋な「官営製糸工場」は、富岡製糸場の開業の翌年、東京・赤坂に設けられた「勧工寮製糸場」がほとんど唯一であり、しかも規模は四八人繰りと、富岡製糸場の六分の一以下である。また、一八七五年には、札幌に明治政府が設置した開拓使の物産局が製糸場を開業しており、これは開拓使が政府の機関であるため「官営」だが、開拓使はのちに北海道庁へと名称を変更していることでわかる通り、北海道の開拓のための地域限定の機関であるため、実質的には「道営」といってよいだろう。そしてそれ以降、官営の製糸場は生まれていない。であれば、なぜ富岡製糸場に必ず「日本最初の官営」との枕詞がつけられるのだろうか？

それは、器械製糸場としては、富岡製糸場の前に「藩営前橋製糸場」（群馬県、一八七〇年開業、あとで詳述）があり、「日本で最初の器械製糸場」でもなく「日本で最初の公営の製糸場」でもないからである。「公営」という意味では、滋賀県立の製糸場などその後各地に県営の製糸場も造られるが、「官営」の製糸場は、ほぼ唯一富岡製糸場だけであったといってよい。

富岡製糸場で勤務したフランス人たち（提供；富岡市・富岡製糸場）

駆け足クロニクル

富岡製糸場の歴史のディテールについては、第一章以降詳しく見ていくが、大雑把にその流れを年代記風にまとめておきたい。

富岡製糸場の開業は一八七二年一〇月（旧暦。この年の一二月から現在の太陽暦となる）。この年には、八月に近代の学校制度である「学制」が発布され、九月には先述の通り日本で最初の鉄道が開通しており、江戸から明治へと時代の歯車が大きく回転し、日本が本格的に近代化へ踏み出した時期に重なる。横浜にガス灯が初めて点ったのもこの年である。

開業時には首長、検査人、教婦などに外国人が一〇人、日本人は場長をはじめ職員が一〇人程度、そのほか男性の働き手が四〇人ほどであった。最も重要な開業時の工女の数の記録は残されていないが、すでに七月には工場が完成していたのに稼働が一〇月にずれ込んだことからも、工女が予定通り集まらなかったのは明らかである。一人一釜という計算で繰糸をする工女だけでもフル稼働のためには三〇〇人が必要であるにもかかわらず、創業時には、その半分の一五〇人程度で始めざるをえなかった「見切り発車」の状態だったと考えられている。

工女数のもっとも古い記録は、操業開始三か月後の一八七三年一月の数字でおよそ四〇〇人であった。工女は、繰糸作業だけではなく、繭を選別する作業や揚返の作業、あるいは生産した生糸を出荷用に束ねる作業もあったため、繰糸器の釜数よりも多い数の工女が仕事をしていたのである。

富岡製糸場設立の目的は、当時最大の輸出品だった生糸の品質が粗悪で海外での評判が悪く、このままでは外貨獲得に支障をきたしかねないため、良質で均一な品質の生糸を大量に生産するためのモデル工場とすることにあった。実際に稼働する工場であると同時に、技術を学ばせて指導者として各地に送り出す職業訓練校的な要素も兼ね備えていたのである。そのため、工女はすべて寄宿舎住まいとし、近所からの通いは認められていなかった。遠方から住み込みで技術を学び、学び取ったら地元へ帰るのが原則であったからである。富岡製糸場で近所からの通い、今でいえば「通勤」が認められるようになったのは、操業開始から三年半後の一八七六年春のことであった。

時々、富岡製糸場の設立理由を「外貨獲得の手段として、これまで日本ではあまり生産できなかった生糸を作って輸出するため」と書かれた説明を見ることがあるが、そうではなく、すでに一八五九年の開港と同時に爆発的に輸出されていた生糸の品質が低下し、放置すれば海外から日本の生糸を買ってもらえなくなるため、品質を向上させ、信用を取り戻すために建てられたのである。

1929年竣工の三井本館（東京・日本橋）

民間へ払い下げ

創業から十数年が経過し、職業訓練校的な役割を果たし終えると、伝習機関としての色彩から純粋に生産拠点としての期待が増し、民営化が検討されることになった。一八九一年、最初の入札が行われたが、予定価格に満たず中止となり、二年後の一八九三年に再び入札が行われ、三井家が落札した。三井家はもとは松阪商人だが江戸に呉服店を開業して発展した。銀行なども興す一方、まったく別の先収会社という貿易会社を前身とする三井物産も系列の企業グループとなり、のちには日本有数の財閥を形成した。

三井家では、工業まで手広く手がけようとする意見と商社・金融に専念しようとする意見が社内にあったが、工業化を推進していた実力者が亡くなったことから、製糸場を手放すことになり、次に横浜に店を構えた生糸貿易商の中でも指折りの会社であった原合名会社が譲り受けて経営権を手

1年間のみ存在した「株式会社　富岡製糸所」の手ぬぐい

にした。官営時代ののち、二代続けて、製糸専業の会社ではない企業が経営を行ったことは、現在の視点から見れば、「素人の経営」であり、不思議な気もするが、明治後期から昭和初期にかけては日本の製糸業が最も発展し、生産量を伸ばしていた時期に当たり、この「素人の経営」のもとで、富岡製糸場は黄金期を迎える。

世界最大の製糸会社の手に

ところが一九二九年のニューヨーク・ウォール街に端を発する世界的な大恐慌や軍靴の響きが強まっていく時代状況の中、原合名会社も製糸業に見切りをつけることになり、一九三八年、富岡製糸場は、「株式会社富岡製糸所」として独立し、実際の経営は、当時世界最大の製糸会社であった片倉製糸紡績に委ねられた。さらに翌年、片倉製糸の一工場に組み込まれて、以後一九八七年の操業停止まで四八年の長きにわたって片倉工業（片倉製糸紡績から一九四三年に社名変更）富岡工場として操業をし続けた。一八七二年から一九八七年まで一一五年間、最初から最後まで生糸を生産する同一業種の工場として存続した、稀有な工場でもあった。

戦後になって繰糸機の自動化が進み、一九六六年にはほぼ完全自動となった繰糸機が五セット導入され、創業当時、工女が一つの繰糸器に一人ずつ配置されて行われた繰糸工程は、これ以降、繰糸工の役割としては糸が切れたときのみ手早く手動でつなぎ直すことに限定され、「製糸場」での労働は、熟練を要する高度な技から監視業務へと様変わりした。

操業停止後も片倉工業は、多い年には年間一億円もの維持費をかけて、工場全体を操業停止時のまま保存、地元で世界遺産登録運動が盛り上がりを見せ始めたのを受けて、二〇〇五年、建物や施設を富岡市に寄贈、翌年、富岡市は土地を購入して、一〇〇年以上の歳月を経て、再び民から官の手に戻った。

同〇五年には、敷地全体が国の史跡に指定、二〇〇七年には、ユネスコの世界遺産暫定一覧表に「富岡製糸場と絹産業遺産群」として記載された。二〇一三年一月に正式な推薦書が日本政府からユネスコに申請され、同年九月には、諮問機関であるイコモス（国際記念物遺跡会議）が現地調査を行うというプロセスを経て、二〇一四年の世界遺産登録に結びついた。

模範工場から財閥、貿易会社による経営、そして世界最大の製糸会社の所有から、自治体による産業遺産としての保存活用へと、養蚕・製糸業の盛衰とともに、明治、大正、昭和、平成の四代を富岡製糸場は生き抜いたのである（巻末の年表参照）。

登録の理由となった富岡製糸場の世界遺産的価値

世界遺産のうち文化遺産には、六つの登録基準があり、そのうちの一つでも満たせば、世界遺産の登録基準を満たすことになる。今回、群馬県が提出した推薦書では、「富岡製糸場と絹産業遺産群」には、評価基準の（ii）と（iv）に照らして、普遍的価値があると書かれている。

評価基準（ii）「建築、科学技術、記念碑、都市計画、景観設計の発展に重要な影響を与えた、ある期間にわたる価値観の交流又はある文化圏内での価値観の交流を示すものである。」

については、

「高品質生糸の大量生産をめぐる日本と世界の相互交流」の価値が認められ、
・明治政府による高品質生糸の大量生産のための近代西欧技術導入。
・日本国内での養蚕・製糸技術改良の促進。
・日本の高度な養蚕・製糸技術の海外移転による世界の絹産業の発展。
の三点を示している。

　また、評価基準（iv）「歴史上の重要な段階を物語る建築物、その集合体、科学技術の集合体、あるいは景観を代表する顕著な見本である。」

については、

「世界の絹産業の発展に重要な役割を果たした技術革新の主要舞台」としての価値が認められ、
・器械製糸から自動繰糸機までの製糸技術の発達を伝える。
・革新的な養蚕技術の開発とその普及を伝える建築物・工作物の代表例。
という点がこの基準を満たしているとされた。

これらは用語としては専門的すぎるので、もう少しわかりやすく言い換えてみよう。世界遺産のうち、文化遺産については、「科学技術の発展に影響を与えた価値観の交流」が登録の条件の一つ（ⅱの要件）となっている。

富岡製糸場は、それまで鎖国で西洋技術の流入が制限されていた東洋の小国が産業革命を経た近代西洋の技術を導入して建てられた施設であること、その技術により、日本国内の製糸技術が向上し、生み出された製品が今度は再び海を越えて、開業当初は、イギリスやフランスに、その後は主にアメリカに輸出され、欧米の織物業の発展を支えたことに、「価値観の交流」が見られると考えられている。もちろん、当時海外に輸出された生糸のうち富岡製糸場で生産されたものは全体から見ればわずかにすぎないが、富岡製糸場で技術を学んだ工女や、導入された製糸器械を真似て日本で独自に開発された器械を据えた多くの製糸工場によって、近代的な製糸工業が広がったことに大きな価値があるとされているのである。

また、（ⅳ）の要件については、富岡製糸場には冒頭に触れた草創期の建物や設備だけではなく、その後拡張されたり、技術革新により次々と新しい建物や施設が、積み重なった地層のように点在している。日本の製糸技術は、最初は海外から移入し、その後は国内で改良が重ねられて独自の進化を遂げ、最先端の技術革新を経て、戦後になるといち早く他産業に先駆けて全自動の機械を導入した。技術革新の最終到達点となる機械によって製糸が行われ、しかもスイッチさえ入れれば、現在もその機械をいつでも動かせるように保存されている。富岡製糸場と関連する絹産業遺産群の発展過程は、世界の養蚕・製糸業の発展の典型例であり、その世界的な影響力も含め、絹産業の発展段階を凝縮した施設だといえるのである。

ほぼ全面的に認められた世界遺産的価値

この章の冒頭でも述べたように一千件を越えようとする世界遺産は、かつて多い時で年間に六〇件以上も登録されたころとは違い（二〇〇〇年には六一件が登録されている）、登録の審査が厳しくなり、すんなりとは登録には至らないという事態が続いている。

二〇〇七年の「石見銀山遺跡とその文化的景観」では、諮問機関であるイコモスの勧告では「記載延期」、つまり登録は見送りという判断であった。本番の世界遺産委員会までに外交的な巻き返しを行って逆転登録にこぎつけたが、翌年二〇〇八年の審査にかけられた「平泉―仏国土を表す建築・庭園および考古学的遺跡群―」では、やはり「記載延期」とされたイコモスの勧告を覆せず、日本の世界遺産候補で初めて「落選」の憂き目に遭った。三年後に構成遺産を絞ってようやく登録を果たしたが、その時も、登録を目指していた「柳之御所遺跡」の登録にはノーを突きつけられた。二〇一三年の富士山の審議の際も、イコモスからは、構成資産の一つである「三保の松原」については妥当ではないとの判断が下され、これも世界遺産委員会直前までのロビー活動でようやく構成資産として滑り込ませることができた。

また、富士山と同時に登録を目指した「武家の古都　鎌倉」は、イコモスの勧告は「不記載」、つまり世界遺産にはふさわしくないという厳しい勧告であった。そのまま本番の世界遺産委員会でも「不記載」と判断されると、二度と世界遺産に申請できなくなるので、日本政府と鎌倉市では、世界遺産委員会での審議をあきらめて申請を取り下げ、根本的にコンセプトを見直すことになった。

東京・上野公園にある国立西洋美術館本館は、フランスなどが申請した「ル・コルビュジェの建築と都市計画」の構成資産として、二〇〇九年と二〇一一年の世界遺産委員会で審議されたが、いずれも登録には至らず、現在のところ、二〇一六年の世界遺産委員会での審議を目指して、三度目の挑戦に挑むことが決まっている。

つまり、二〇〇四年の「紀伊山地の霊場と参詣道」以降、文化遺産の登録においては、いずれも高いハードルが設定され、日本の世界遺産候補ですんなり登録されたケースは皆無となっているのである。

こうした中で、「富岡製糸場と絹産業遺産群」の推薦書のチェックと現地調査の結果、イコモスは、富岡製糸場について、

「二つの養蚕の教育施設及び蚕種倉庫を含む関連施設とともに、伝統的な生糸生産から急速に最善の大量生産手法に到達したことを表している。日本政府は、フランスの機械及び工業の専門的知識を導入し、群馬県において生産過程システムを作り上げた。すなわち蚕種の生産、蚕の飼育、大規模な機械化された生糸生産施設という過程である。一方、モデル工場としての富岡製糸場と関連資産は、一九世紀末期に養蚕と日本の生糸産業の革新に決定的な役割を果たし、日本が近代工業化世界に仲間入りする鍵となった」と評価、富岡製糸場以外の三件の構成資産も含め、世界遺産の要件となる価値の正統性、保護施策などについてもすべて満たされているという、いわば「文句のつけようがない」との判断を下している。勧告文の最後にいくつか注文がついてはいるが、構成資産

を取り巻く周囲の環境の保護に留意することや、構成資産の一つで後述する荒船風穴について、現役で使われていた時の建屋を再現するときのメリット・デメリットを考慮すること、富岡製糸場で行われた女子労働についてより調査を進めること、といった登録の成否には関係のない微細な内容にとどまっている。

イコモスの勧告が出た際の文化庁の記者会見で「ほぼパーフェクトの内容」という言葉が出るほど、申請した価値がそのまま認められた背景には、一見地味でわかりにくい産業遺産の価値をきっちりしたストーリーに落とし込む作業を行政の担当者とそれに協力した学識経験者が行ったこと、そのために当初自治体に募集して手を挙げてもらった構成資産のうちストーリーに合わないものは資産候補から落としたこと、官主導ではなく、といって観光振興や経済効果だけを狙って民間の思惑がうごめく一方で行政は冷淡な態度に終始するということでもなく、でもなく、地元自治体と地域住民の両輪がうまく機能して世界遺産を目指す運動が広範かつ持続的に行われたことがあったと思われる。

こうして、日本で初めての近代産業にスポットを当てた世界遺産が誕生し、その価値とそこから派生する物語にも目が向き始めたのである。

◆コラム　シルクは衣料の王様

人が着る衣服の材料は、絹だけではない。自然由来のものだけでも、綿織物（原料は綿花）、毛織物（原料は羊毛）、麻（原料は大麻、亜麻、苧麻など）など様々なものがある。その中で絹と生産を競い合ったのは綿織物であろう。イギリスの産業革命は、この綿織物の動力化、自動化がその推進力となったことはよく知られている。江戸時代以前の日本では、木綿も中国や朝鮮半島からの輸入に頼っていたが、江戸時代に入って各地で綿花の栽培が盛んになり、特に大阪周辺での生産が際立った。明治時代に入って近代化が進み、一九三〇年代には、生糸よりも二〇年ほど遅れて輸出量が世界一となった。ただし、明治期の紡績業は原料の綿花も紡績機械も輸入に頼っており、産業全体としては赤字であった。製糸業とは大きく異なる点である。製糸業も紡績業も戦後しばらくは再び主要な輸出品として生産が伸びたが、近年は急速に生産量が減り、どちらも国内自給率はほとんどゼロに近い状況となっている。

製糸業を営んだ日本の大企業が現在、片倉工業（一九四三年まで片倉製糸紡績）、グンゼ（一九六七年まで郡是製糸）くらいしか残っていないのに比べ、綿紡績にかかわった企業は、東洋紡（二〇一二年まで東洋紡績。かつての大阪紡績と三重紡績の対等合併で成立）、クラボウ（一九八八年まで倉敷紡績）、クラシエ（前身は鐘淵紡績、カネボウ）、ユニチカ（前身は尼崎紡績、大日本紡績）、富士紡（二〇〇五年まで富士紡績）、日清紡（二〇〇九年まで日清紡績）、シキボウ（二〇〇二年まで敷島紡績）と、多くの企業が多角化を進めながらも命脈を保っているのは、対照的で興味深い。

吸湿性が高く肌触りの良い木綿に対し、絹は軽く柔らかく光沢があって特に女性にとっていつの時代も憧れの素材であり、長らく高貴な人しか身にまとえない織物であった。その「織物の王様」であった絹織物の生産の要となるのが、製糸場であったのである。

第1章

横浜から始まった 富岡製糸場

東繭倉庫の赤レンガ

始まりは英国！　書記官アダムズらの視察

明治五年、一八七二年創業の富岡製糸場、すなわち本格的な官営器械製糸場が造られるルーツを繙くと、ある外国人が、「日本に必要なのは、ヨーロッパの器械と繰糸システムを導入することだ」という報告書をしたためたことにたどり着く。

時は、一九六九年（明治二年）六月、五人の外国人が馬で江戸を出立し、中山道を北へ向かった。関東北西部と甲信地方の養蚕・製糸の実態を視察する、このささやかな一団のリーダーは、イギリス領事館に勤める書記官のフランシス・アダムズであった。

幕末の開港当初、ヨーロッパにおける生糸市場の中心を占めていたのは、大英帝国の首都ロンドンであった。開港とともに、ヨーロッパの各国は当時蔓延していた蚕の微粒子病により、生糸の生産が大きな打撃を受けていたため、新しく開国した日本に生糸を求めたが、当時の日本製の生糸は品質のばらつきが大きく、本国からも苦情が絶えなかった。そこで、時のイギリス公使ハリー・パークスは、アダムズに横浜から比較的近い日本の養蚕地帯を視察する出張を命じた。当時の外国人は居留地から四〇キロ以内しか移動できず、国内を自由に旅することができたのは、特権を与えられた外交官などに限られていた。アダムズは生糸の専門家ではないので、この調査に三人の生糸の専門家を同行させた。ディヴィソン、ピケ、そして「はじめに」でパリのペール・ラシェーズ墓地に眠ると記したフランス人のポール・ブリュナである。三人とも、横浜の外国人貿易商のもとで生糸検査を生業とする技師であったとされている。

彼らは、伊勢崎、前橋、安中（以上群馬県）、小諸、上田、諏訪（以上長野県）、韮崎、甲府、上野

原（以上山梨県）、八王子、町田（以上東京都）と、当時の養蚕・製糸の産地として名の通った街を次々に見学し、生産現場が抱える課題を見つけ出そうとした。この調査は、二度にわたって行われ、計四次の報告書が作成されたが、いずれも報告書の最後に書かれた結論はほぼ同じであった。日本への器械製糸の導入を提案しているのである。ちなみにこの報告書は、明治政府や横浜商業会議所に伝えられたほか、公使パークスから本国の外務大臣であるクラレンドン伯爵、ゴランヴィル伯爵宛に送られている。

また、日本国内の養蚕地帯を最初に視察したのは、アダムズ一行ではなく、その半月前に上州の視察に出発したイタリアの特命全権公使ら三〇人という大所帯であった。富岡製糸場ができる前から、上信地方は養蚕の先進地として「視察ラッシュ」だったのである。

エシュト・リリアンタール商会の商標
（提供；クリスチャン・ポラック氏）

居留地の商人が自力で建設を建議

この報告を受けて、実際に日本政府に対し外国資本による器械式の製糸工場の建設の提案をした商人がいた。ポール・ブリュナが雇われていたエシュト・リリアンタール商会の店主ガイゼンハイマーである。エシュト・リリアンタール商会は、フランス・リヨンに本店を持つフランス系の貿易会社で、横浜の支店は、以前オラ

「横浜海岸通りの図」当時の外国商館が並ぶ（提供；横浜開港資料館）

ンダの商館があった場所に建つことから「オランダ八番館」、通称「蘭八」と呼び慣わされていた。

現在の横浜スタジアムから港に向かって一本の大きな道路が通っている。日本大通りである。この通りは、開港当時、外国人居留地と日本人の居住区を分ける境界をなしていた。そして外国人居留地の日本大通りに一番近い海寄りのところから、一番、二番、三番と番地が振られていた。一番は、現在のシルクセンターのあたりであり、そこには、「英一番館」跡の碑が立っている。かつて、ジャーディン・マセソン商会があったところである。今は、このあたりは海に面しておらず、海岸線は山下公園を隔てた向こうにあるが、当時はここが海岸線だった。山下公園は、関東大震災で発生した瓦礫を埋め立ててできた公園で、その時に海岸線が後退したのである。八番館は、一番館から七軒分元町寄りにあったことになる。現在、かつての英七番館の建物が戸田記念会館となって、関東大震災以前の居留地の建物として唯一残されているが、八番館もここと同様、現在のモンテレーホテルとホテル・ニューグランドの間にあったと推測できる。ちなみに、隣の九番地にはフランスの海軍病院が寺院風の大屋根を乗せた特異な姿でよく目立っていた。

さて、ガイゼンハイマーは、アダムズの視察に同行した自社の従業員であるブリュナに話を聞き、日本に器械製糸を導入すれば、高品質で均一の生糸が生産され、それをヨーロッパに運ぶことにより大きな利益を生むことを見抜いた。しかも、工場の建設も手がければ、製糸でも利益を生む。彼は、まだできたばかりの明治政府に、近代的な製糸工場の建設を提案した。生糸の品質が悪くて、日本の生糸の評判が海外で散々であることは、明治政府の指導層にも十分浸透していたので、この提案が受け入れられる可能性は十分にあった。しかし、当時大蔵省でこの問題を担当していた伊藤博文や大隈重信らは、器械製糸の工場を造るにしても、それは外国資本ではなく、日本自らが主体となって造るべきだと考えていた。財政が逼迫していた明治政府にとって、軍隊の近代化も進めねばならず、輸出品として最も外貨を稼いでくれそうな生糸の品質向上は喫緊の課題であったが、それを外国資本に委ねてしまえば、技術も日本には定着しないし、利益も外国人に掠め取られる。

明治政府が選択したのは、ヨーロッパの技術を導入した器械製糸場は建造するが、それは明治政府自らが建設し、お雇い外国人から技術指導を受けるという選択であった。しかし、そのお雇い外国人を誰にしたら良いのか、結局、建議を持ってきたガイゼンハイマーに相談するのが最も手っ取り早いと考えた。相談を受けたガイゼンハイマーは自分の手で建設はできなくとも指導者として加われれば、生産された生糸を優先的に扱えるかもしれないと考えたのか、アダムズに同行した自社のブリュナを器械製糸工場の指南役に推薦し、受け入れられることになった。イギリスに対抗する形で日本に食い込もうとしていたフランスが、イギリスが主体となって養蚕地帯の視察をしたにもかかわらず、日本の製糸の近代化に大きくかかわることになったのである。そしてそれは、富岡製糸場がその生い立ちからして、横浜と深いかかわりを持っていた証ともなるのである。

ポール・ブリュナ
(提供；富岡市・富岡製糸場)

名うての検査技師ポール・ブリュナ

さて、ここで富岡製糸場の建設に最もかかわりの深いポール・ブリュナ(一八四〇〜一九〇八)について簡単に触れておきたい。ブリュナは、フランスの絹織物産業の中心地で、当時欧州の製糸業の中心地でもあったフランス第三の都市リヨン(都市圏としての人口はパリに次ぎ二番目)から南に五〇キロほどのところにあるドローム県のブール・ド・ペアージュという町に生まれた。大河ローヌ川の支流イゼール川に面した静かな町で、このイゼール川を遡ると、冬季オリンピックの開催地として知られるグルノーブルやアルベールビルを経て、源流のあるヨーロッパアルプスへと至る。

ブリュナの父、フランソワ・ブリュナは、製糸場を経営するかたわらこの町の市長も歴任した名士である。ブリュナは最初は郷里の近く、その後はブルゴーニュ地方の中心都市ディジョンのリセ(フランスの中等教育機関)に通ったのち、フランスやスペイン各地の製糸場に勤務、二六歳になってフランスの貿易会社エシュト・リリアンタール商会に入社し、ほどなく日本に生糸検査人として派遣されて、同社の横浜支店で働いていた。これが、「蘭八」であり、そのときの店主、つまり支店長がガイゼンハイマーであった。

ブリュナは横浜の居留地に数ある生糸貿易商の中でも、生糸の検査技師として広く知られるほどの技量の持ち主であり、それゆえにアダムズの調査に、出身国が異なっているにもかかわらず、同行したものと推察できる。そして、日本政府が官営の製糸場の建設を任せようとしたのも、もちろん、ガイゼンハイマーの仲立ちも大きいが、国家的大事業を任すに足るだけの信頼を、彼が横浜の生糸貿易界の中で築いていたからであろう。

ブリュナは、一八七〇年七月に製糸場建設主任の仮契約を明治政府と結び、候補地を視察、閏《うるう》一〇月に富岡での建設を決定、一一月に本契約を結んだ。七一年三月から一二月まで、フランスに戻って、繰糸器など製糸場に必要な設備と技師や教育係の女性などを連れ帰った。開業後は三年あまり富岡にとどまり、七五年末に契約が切れたのち、翌年二月に日本を離れている。また、一時帰国の際に結婚をして、妻のヴェリーを日本に連れ帰っている。それ以降、富岡在住中に二人の娘を儲けているので、ブリュナにとって日本は忘れがたい国になったことだろう。ブリュナのその後については、またあとで述べたい。

場所選定のポイントは、横浜までの距離

官営の模範工場をどこに造るのか、それは非常に大きな問題であった。製糸場に欠かせないもの、それは原料となる繭である。明治初期、養蚕が盛んだったところは、現在の福島県中通り北部の信《しん》達《たつ》地方（信夫《しのぶ》郡と伊達郡、現在の福島市周辺）、群馬から長野、埼玉、山梨にかけての北関東・甲信地方、福井から滋賀、京都北部の日本海側中部地域などであったが、アダムズが二度の調査を行っ

たのも、そしてそのあと、ブリュナが工場の建設地の予備調査をしたのも、北関東と甲信地方の各地であった。

養蚕地帯であることと同時に、重要な要素は当時の積出港であった横浜に近いことである。この点で、横浜まで峠を越えなければならない信州は外された。当時はまだ鉄道は開通しておらず、もちろん自動車もなく、輸送の主力は水上交通であった。そして関東で水上交通の主要ルートであったのが群馬県を源流とし、太平洋に注ぐ利根川である。江戸時代、群馬西部や信州の物資は、上州を通る中山道の倉賀野宿（現、高崎市）に近い烏川河畔まで陸路運ばれたのち、川船に積み替えて、合流する利根川に入り、江戸方面へと運ばれた。最終的に富岡に決定するのは、もちろん、繭の主要な生産地であり、製糸に必要な水の確保が容易であり、工場建設のための平地が確保でき、建設材料の調達も容易であるなどの条件が揃っていたからだが、そのベースには、横浜まで生糸を容易に運べるという要素も大きかった。

その後、日本鉄道の上野〜前橋間の開通（一八八四年、現在のJR東北・高崎・上越線）や現在も富岡を通る上野《こうづけ》鉄道（現、上信電鉄）の開業（一八九七年）などで、鉄道輸送の比重が増したが、建設当時は、利根川の水運が大動脈であった。実際、富岡製糸場で生産された生糸は、当初は荷馬車などで倉賀野河岸に運ばれたのち小舟や筏に載せられ、さらに利根川中流域で親船に積み替えられ、関宿《せきやど》（現、千葉県野田市関宿）で江戸川に入り、東京湾に出て、横浜へ向かったと考えられている。

明治初年の倉賀野河岸の積出荷物の金額別順位を見ると、太物（綿・麻織物）、生糸、タバコの順になっており、太物と生糸の差もほとんどない。富岡製糸場の開場四年前に、すでに多くの生糸が倉賀野から船で利根川へと積み出されていることがうかがえる。

ブリュナは、当時良質な生糸を生産する地域として横浜でつとに名が知られた群馬県の下仁田にもかなりこだわったり、秩父あたりまで足を延ばしたりしているが、乾燥した高台の土地が繭の保管や生糸の生産に適していることや、蒸気エンジンを動かす石炭を確保できることなども考え、また住民の理解や協力も得られるとして、富岡の地を建設予定地にしたのだろうと思われる。そう遠くない先に重畳とした山が重なる富岡周辺の景観がブリュナの故郷のブール・ド・ペアージュに似て何か心惹かれるものがあったということも案外決め手の一つになったのかもしれない。

ブリュナがフランスを旅立つ少し前の一八五五年には、パリ〜リヨン〜マルセイユ間にすでに鉄道が開通していた。富岡の街は東京と信州を結ぶ脇往還（現在の国道二五四号線）沿いに広がっていたため、富岡にもいずれ鉄道が通るとブリュナが予見した可能性もあり、それもこの地に白羽の矢が立った理由の一つと考えてもおかしくないだろう。

ブリュナとモレル

先述したように、一八七二年は、日本の殖産興業の歩みにおいて、全国へ伝播する工業化の原点ともいえる富岡製糸場の開業と、その後国内の人員や物資の輸送の大動脈となった鉄道の開通という二大事業が成し遂げられたエポックメイキングな年であった。しかも、富岡製糸場は七月に完成して、工女の応募を待って一〇月四日に操業開始、鉄道のほうは品川〜横浜間の仮開業が六月、そして新橋〜横浜間の開業が九月一二日（新暦では一〇月一四日、この日が「鉄道の日」となっている）

「横浜鉄道蒸気車往返の図」（提供；横浜開港資料館）

と、まるで競い合うように開業を迎えている。
鉄道のほうはイギリス人のお雇い外国人、鉄道技師のエドモンド・モレル（一八四〇～一八七一）の指導により、枕木を木製にして国内で調達したり、レール幅を今後の工事の経費圧縮のために、国際的な標準軌（一四三五ミリ）ではなく、狭軌（一〇六七ミリ）に定めたりといった、日本の実情に合わせる形で進められており、同年生まれのブリュナがわざわざ農村の女性に糸取りの作業を見せてもらって、オリジナルの繰糸器を発注したのと同様の細かい気配りが感じられる。実際、ブリュナはイギリス人の手による鉄道がいつ開通するのかを気にしていたようで、官営鉄道と官営製糸場は英仏の代理戦争の側面もあったのかもしれない。

ただし、建設資金については、富岡製糸場の場合全額政府が出資しているのに対し、鉄道建設のほうはロンドンで発行された公債、つまり外債で賄われた。製糸場は是が非でも日本の資金だけでやり遂げたいという思いがこの差に結びついたのだろうか。

ブリュナが満期で契約期間を終了後、のちに上海に渡り、さらに活躍したのに比して、モレルは結核のため、鉄道の完成を見ずにわずか三〇歳で夭折、横浜の外人墓地に眠っている。その後、日本各地に敷かれた鉄道の中には、生糸の輸送を主目的に敷設されたものがあったり、製糸会社の経営者が資金を出して造られたりしたものも多く、製糸業と鉄道は互いに補完しながら日本の殖産興業を担っていった。同じ年にイギリスとフランスに生まれ、それぞれ使命感を持って東洋の小国の近代化に貢献した二人の功績の大きさが改めて実感される。

ちなみに、開業日に運転された記念列車には、富岡製糸場の建設に尽力した渋沢栄一も、大蔵省の役人として招待され乗っている。その列車が横浜駅に着いた際に行われた記念式典で、横浜市民代表として明治天皇に祝詞を述べたのは、のちに富岡製糸場を経営する原合名会社の前身、原商店の創始者である原善三郎であった。

生産された生糸は横浜へ

横浜と富岡製糸場との間をつなぐもう一本の糸は、いうまでもなく操業を始めてから生産された生糸が横浜に送られ、海を渡っていったというつながりである。富岡製糸場で生産された生糸は、当初はブリュナが働いていたエシュト・リリアンタール商会に持ち込まれ、ここからフランスへと輸出された。製糸場の建設を部下に請け負わせたガイゼンハイマーは、まんまと富岡シルクの輸出の優先権を得たようである。

創業の翌年の一八七三年五月には、ウイーンで開かれた第三回の万国博覧会（第一回は一八五一年ロンドン、第二回は一八六七年パリ）に富岡製糸場の生糸が出品されている。工女の中でも腕の良い一八名をよりすぐって挽いた糸は、二等の進歩賞牌を受賞している。この博覧会の記録である『墺国博覧会筆記並見聞録』によると、当時生糸の分野で一等を取ったのは、フランス、イタリア、オーストリア、ドイツなどで、特にリヨン、ボヘミア（現在のチェコ、当時はオーストリア＝ハンガリー二重帝国）が優れていることが記されている。さすがに富岡で挽かれた糸は、まだ操業一年ではこうした生糸の先進国には追いつけていなかったようだ。

初期には、エシュト・リリアンタール商会を通して輸出された富岡製糸場の生糸は、一八七七年には、後述するように三井物産が取り扱うようになり、さらにその後、第二章で触れる第三・五代富岡製糸所長の速水堅曹が一八八〇年に設立した生糸の直輸出商社である「同伸会社」の手を経るようになった。

その前年の一八七九年の秋には、横浜・本町の町会所《まちがいしょ》で絹産業としては初めての共進会として「生糸繭織物類共進会」が開かれ、速水はアメリカで蒐集した世界各国の生糸を出品した。当時、富岡製糸所長であり同共進会審査官を務めた速水は、生糸直輸出の必要性を説き生糸輸出専門商社の設立を提唱した。それが翌年の同伸会社の設立につながる。

横浜では、速水の建議に基づいて一八九六年には国営の生糸検査所が設立されて、輸出体制が強化されるなど、富岡製糸場にかかわった人物により、生糸輸出港としての整備が進んでいった。横浜の発展が生糸貿易に支えられてきたことは周知の事実ではあるが、このように富岡製糸場の存在は、貿易港横浜の基盤整備に大きな影響を与えていったのである。

当時の横浜生糸検査所全景（提供；横浜開港資料館）

ブリュナが設置した最初のフランス式繰糸器（提供；市立岡谷蚕糸博物館）

その後、富岡製糸場は一九〇二年から、横浜でも指折りの生糸売込商である原合名会社に経営権が移り、さらに横浜とのつながりが増すが、原合名会社の富岡製糸場の経営については、第三章に委ねたい。

◆コラム　器械の変遷

現在、富岡製糸場の繰糸場の内部を見学すると、ビニールシートに覆われた巨大な繰糸機が工場一杯に広がっているのがいやでも目に入る。きちんと説明を受けないと、この機械が創業時から使われているように錯覚してしまうが、いうまでもなく、現在置かれているのは、第二次大戦後に開発された当時の最新鋭の自動繰糸機で、ブリュナがフランスから輸入した繰糸器とは全くの別物である。

蒸気エンジンの動力により糸を挽くという意味では、ブリュナがもたらした器械はまさに産業〝革命〟であったが、作業効率は決して高いとは言えなかった。創業時の繰糸器は二口取り、つまり一人の工女が二

御法川式多条繰糸機（提供；市立岡谷蚕糸博物館）

つの糸繰りを行うものである。三井時代には、これを三口取り、四口取りへと器械を少しずつ入れ替えている。

しかし、明治後期から大正期にかけて、ある技術者により画期的な繰糸機が発明された。発明者の御法川《みのりかわ》直三郎（一八五六〜一九三〇）の名を採って、「御法川式多条繰糸機」（初期のころの繰糸は仕組みが簡単なため「器械」の「器」をとって繰糸器と書くが、これ以降は「機械」という概念がふさわしいため、繰糸機と表記する）と呼ばれるものである。低速で糸を繰りながら一人で一〇条、のちには二〇条もの糸を同時に挽くことができ、格段に能率が上がった。

富岡製糸場にも一九二四年一〇月に二〇口取りの御法川式繰糸機が四八釜導入されている。これは工女一人で二〇口、つまり同時に二〇の糸繰りを見なくてはならず、生産性は飛躍的に向上したが、工女の負担は増え、一層熟練を要するようになった。

この機械の導入に最も熱心だったのが片倉製糸紡績で、御法川式繰糸機から採った糸は、「ミノリカワ・ロウ・シルク」というブランド名で、アメリカの生糸市場で高値で取り引きされるようになった。繭の産地や製糸会社の名前ではなく、繰糸機の名前がブランドになったのである。

第二次大戦後は、さらなる生産性向上のために、撚られる生糸の太さをセンサー（繊度感知器）が自動的に感知し、細くなれば繭糸を継ぎ足して均一な太さを実現する夢のような自動繰糸機が発明され、富岡製糸場にも導入された。現在、富岡製糸場の繰糸場に眠っているのは、一九六六～六八年に導入された日産ＨＲ型の自動繰糸機で、この機械は、世界各国に輸出され、生糸の品質改善と生産性の向上に大きく貢献した。富岡製糸場が世界遺産に登録された理由の一つは、単にフランスの技術を導入した古い工場が残っているからだけではなく、こうした技術革新の足跡が残されているからである。この自動繰糸機の導入により、これまでの工女の熟練の技は、機械が正確に動いているか監視し、糸がうまくつなげなかった場合にだけ、手で繭糸をつなぐという業務へと変わった。一等工女を目指して切磋琢磨した工女の従来の仕事は、根本的な質的変換を遂げたのである。

第2章

埼玉から見た富岡製糸場

桜の花に包まれる東繭倉庫

秩父夜祭（提供；秩父市）

秩父夜祭は「蚕祭」

毎年、初冬の冷え込みが強まる十二月初旬の夜、埼玉県秩父市では提灯に彩られたきらびやかな屋台が曳き回される「秩父夜祭」が行われ、大勢の見物客でにぎわう。この祭りは、埼玉県を代表する祭礼にとどまらず、春と秋、華麗な屋台が天領のしっとりとした街並みを進む飛騨高山の「高山祭」、夏の都大路を独特の囃子とともに山と鉾が巡行する「祇園祭」と並んで、日本三大曳山祭りとしても知られる著名な行事であるが、別名を「お蚕祭り」とも呼ぶことは、地元以外ではほとんど知られていない。江戸時代に養蚕や生糸作りが盛んになった秩父では、農閑期にあたる秋の終わりに大規模な絹の市が立つようになった。この「絹大市」を訪れる遠来の客を楽しませるために始まったのが、屋台や傘鉾の巡行であったと言われている。

山間地で米や麦の栽培規模を広げられないこの地方では、江戸中期以降養蚕が盛んになり、繭を絹生産が盛んな上州へ出荷したほか、秩父自身が生糸の産地となって、秩父絹の名は関東一円でも知られるようになった。

現在では絹市こそ開かれなくなったが、夜祭の翌日の十二月四日には、祭礼（この祭りの正式な名称は、「秩父神社大祭」）の正式な行事として養蚕祭が今も県内の養蚕業者とともに開かれている。

渋沢栄一
（提供；国立国会図書館）

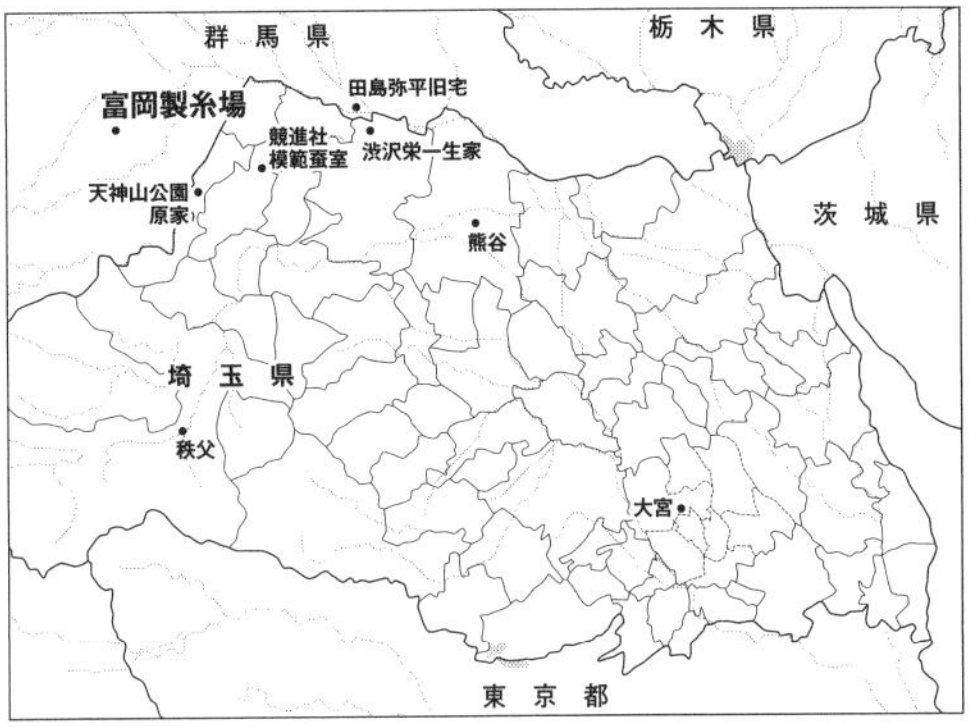

埼玉県で最も有名な祭礼が「お蚕祭り」であることは、埼玉県が養蚕製糸大県であることの表れである。そして隣の群馬県に位置する富岡製糸場にとっても埼玉県は切っても切り離せない重要なつながりのある地域となっている。この章では富岡製糸場と埼玉県とのかかわりを中心に、富岡製糸場の一面を見ておきたい。

資本主義の父、渋沢栄一（深谷出身）が富岡の生みの親

第一章で、富岡製糸場建設のきっかけとなったのは、イギリス人書記官のアダムズによる養蚕地域の視察であると記したが、富岡製糸場誕生の本当の推進者となったのは、埼玉県出身のひとりの日本人であった。日本における近代資本主義の父と呼ばれ、五〇〇をゆうに超える企業の設立にかかわったことでも知られる実業界の巨星、渋沢栄一（一八四〇〜一九三一）である。

日本の生糸の品質の評判が悪く、安く買い叩かれていたことに明治政府が頭を悩ませていた時、具体的には一八七〇年（明治三年）に大蔵少輔の伊藤博文と大隈重信がその対策を考えあぐねていた時、助け舟を出したのは、前年租税正として大蔵省

渋沢栄一生家　屋根に換気の櫓がついた養蚕仕様の農家

に採用されたばかりの渋沢栄一であった。下級武士であった伊藤も大隈も、養蚕や製糸の知識はほとんどなかったが、渋沢は家業が養蚕と藍玉製造であり、徳川慶喜の弟、昭武の欧州派遣に随行した際、フランスの器械製糸工場も見学していたからである。

渋沢栄一は、一八四〇年（天保一一年）、武蔵国榛沢郡血洗島村（現在の埼玉県深谷市）の裕福な農家に生まれた。成人後江戸へ出て漢学や剣術を学び、一時は尊王攘夷運動に没入するが、一八六三年に一橋家に仕官、一八六八年、一五代将軍徳川慶喜の実弟清水昭武らによるパリ万博親善使節の一員に選ばれ、ヨーロッパ各国を巡遊した。その間に、日本では大政奉還と王政復古があって幕府が崩壊したため、急いで帰国、しばらくは静岡に移った徳川慶喜に従って一橋家の財政改革に力を発揮したが、一八六九年、強く請われて民部省（のちに大蔵省となる）に奉職することとなった。

近代的な器械製糸の導入の必要性に迫られ始めたのが、ちょうどこのころだったのである。

一八七〇年一〇月、政府の法律顧問であったフランス人アルベール・デュ・ブスケと相談し、第一章で詳述したエシュト・リリアンタール商会のガイゼンハイマーのもとで働くブリュナに白羽の矢を立てたのも、渋沢栄一であった。渋沢は富岡製糸場設立主任に任じられ、玉乃正履《まさふみ》、杉浦譲といった民部省の役人らとともに、設立の準備にかかわった。そして、製糸場全体の設計や技術指導はブリュナに任せるとともに、日本側の責任者に同郷（同郡下手計《しもてばか》村、渋沢の出身の血洗島村の東隣、現在の深谷市）出身で、栄一の従兄弟で、かつ栄一の妻の兄、つまり義兄にあたる尾高惇忠《あつただ》（一八三〇～一九〇一）を指名した。尾高は渋沢の身内であるだけでなく、幼少時の渋沢の学問の師でもあった。こうして、渋沢の義兄を中心とした、まさに埼玉人脈による富岡製糸場建設プロジェクトが始動したのである。

富岡製糸場で撮影された尾高惇忠
（川島忠之助所蔵）

渋沢は、富岡製糸場創業から三か月後の七三年一月下旬に当時大蔵省の同僚であった陸奥宗光（のちの外務大臣、日清戦争の講和会議の全権大使として知られる）とともに、製糸場を実際に視察している。しかし、同年五月、大蔵省を辞し、その後実業界へと身を投じていく。これほど我が国の近代製糸の嚆矢にかかわった渋沢としては不思議なことに、その後の実業家としての人生では製糸業界とはそれほど

ブリュナ館地下　ワインなどを入れる食料庫をとして利用されたといわれる

深い縁を結ばず（王子製紙の設立に大きくかかわるなど製〝紙〟とは縁が深かった）、一九三一年、九一歳で逝去するまで、日本の資本主義を牽引し続けた。

初代場長として著名な尾高惇忠

尾高は、ブリュナとともに製糸場の建設適地を視察、富岡に定めるとともに、用地の買収などの実務を取り仕切ったほか、ブリュナが製糸器械の調達や指導役の技術者の選定などのために、一時フランスに帰国した際にも留守を預かり、その間に始まった実際の製糸場の工事の責任者として、大いに腕を振るった。

そして開業時には、初代の富岡製糸場の場長として歴史にその名を刻むことになる。

尾高が直面した困難の一つは、よく知られているように製糸場で実際に生糸を挽く工女が思うように集まらなかったことである。国から布告を出し、県令から各地区の戸長にまで徹底したにもかかわらず、当初予定した四〇〇人あまりの工女は操業予定日までに半分も集めることができなかった。ブリュナをはじめ、一〇〇人もの技師や技術指導の女性、医師などのフランス人が生活の中で手にするワインが「人間の生き血」だと誤解され、富岡に若い女性を送ると生き血を吸われるという風説が流布したと一般的に言われるが、それればかりでなく、奉公ならともかく、「若い女性を外国人が監督する工場の寄宿舎に入れる」ということに対する抵抗感は、つい一〇年前には「攘夷」運動が吹き荒れた時代であったことを考えれば、相当大きかっただろうと推察される。応募者の少なさに手を焼いた尾高がまだ当時一四歳であった自分の娘の勇《ゆう》（一八五八～一九二三）を率先して工女として富岡に連れて行くことになったのは、尾高の苦悩の大きさと、責任感の強さをよく表している。

一八七二年一〇月の開業から、ブリュナらフランス人指導者をすべて帰国させたあとも場長の座にとどまり、それまで大きな損失を抱えていた富岡製糸場の経営を立て直し、翌七六年には、一〇万円の利益を生んだが、七六年一一月に場長を辞職した。繭の増産のために、これまで年一回しか採れなかった繭を秋にも採る道筋をつけようとしたが、これが政府の方針に反するとして、事実上解任されたのである。尾高はその後、渋沢との縁で七七年に国立第一銀行（のち、第一銀行、第一勧業銀行を経て、現在はみずほ銀行）に入行、仙台支店の支配人などを歴任した。

一〇〇万枚のレンガを焼いた深谷出身の韮塚直次郎

渋沢、尾高の義理の兄弟の富岡製糸場とのかかわりは有名だが、創業時に大きな役割を果たしたもう一人の埼玉県人を忘れるわけにはいかない。二人と同郷の韮塚《にらづか》直次郎（一八二三～一九〇六）である。富岡製糸場では、礎石に使われた石材、柱や梁に使われた木材など、地元で採れる材料もあったが、屋根に載せる瓦と壁を覆うレンガの調達も必要であった。この瓦とレンガを実際に焼く作業の監督をしたのが、尾高が呼び寄せた、現在の深谷市明戸出身の韮塚であった。

当時、日本ではまだレンガを焼く技術はほとんどなく、ブリュナらの指導の下、韮塚が郷里の瓦職人を呼び寄せ、製糸場の東、現在の甘楽《かんら》町福島にレンガ製造用の窯を造り、製糸場に必要なすべてのレンガを焼き上げた。まだ試行錯誤と言ってよい段階で造られた何十万個ものレンガが一四〇年あまりの星霜を経て、今なお製糸場のシンボルとして赤く輝いているのを見ると、こうした人物やそのもとで作業にあたった職人たちの働きがなければ製糸場は完成しなかったのだろうと、その役割の大きさに率直に感嘆する。

韮塚の働きはこれにとどまらず、製糸場の開業ののちも、製糸場内の食堂の賄方として場内にとどまり、製糸場の草創期の発展に尽くした。また、工女の不足にあたっては、韮塚の妻が旧彦根藩士の出であったため、大勢の滋賀県の工女を富岡に入場させている。富岡製糸場の工女の出身地を調べてみると、草創期の一八七三年から八四年までの一一年間で滋賀県出身者は七三七人と、地元の群馬県よりも多く、群馬県から遠く隔たっているにもかかわらず、最大勢力であったことがわかる。この工女らの一部は彦根に戻り、一八七八年、滋賀県で初めての器械製糸工場である県営彦根製糸場で指導的役割を果たしている。

また、彼は富岡製糸場と道路を挟んだ隣接地に、一八七六年に富岡製糸場よりはずっと小規模ではあるが、器械製糸場を開業している。この製糸場時代の建物が二〇一四年になって、居住用の長屋として現存していることが確認された。これは富岡を模範とした草創期の民間の器械製糸場の遺構としてきわめて貴重な発見だとされている。レンガを焼いたのみならず、富岡製糸場の技術が民間や地方に広がる役割を担った韮塚の存在は、さらに重要であったと言ってよいだろう。

別子銅山と製糸

話は埼玉から離れるが、県営彦根製糸場が操業を開始した一〇年後、彦根の東隣にある米原市醒井《さめがい》に、フランスから直輸入した繰糸器を導入した製糸場が開業した。住友近江製糸場である。経営者は、住友の番頭として活躍した広瀬宰平。住友が経営した別子銅山（愛媛県）の総支配人を経て、住友財閥の事実上の経営権限を握った実業家である。

広瀬は、江戸中期から操業が続いた別子銅山の近代化を図るために、フランス人鉱山技師ルイ・ラロックを招聘、ラロックは富岡製糸場の開業の翌年にあたる一八七三年にマルセイユから横浜に到着した。ラロックが最初に向かったのは、第一章で紹介したエシュト・リリアンタール商会のガイゼンハイマーのところである。エシュト・リリアンタール商会は生糸だけでなく、別子銅山の銅の輸出も手がけており、広瀬はガイゼンハイマーに、西洋の進んだ鉱山技術を指南してくれる技師の紹介を頼んでいたからである。

旧別子銅山　端出場水力発電所

ラロックは翌七四年から七五年末まで日本に滞在し、『別子銅山目論見書』を書き上げ、その後の別子銅山の近代化に大きく貢献した。ラロックの月給は、偶然ではあるが、富岡製糸場の技術指導に当たったブリュナと同額の六〇〇円という当時の政府高官の月給をも上回る高給だったと言われている。やり手の貿易商だったガイゼンハイマーは、貿易だけでなく、「お雇い外国人紹介業」にも精を出していたことがわかる。別子銅山は明治以降も、足尾銅山などと並び日本屈指の銅生産を誇り、生糸ほどではないにせよ、日本の主要な輸出品として、近代化を側面から支えた。その要の位置に、横浜の貿易商が絡んでおり、富岡製糸場ともつながっていることに不思議な歴史の綾を感じる。広瀬が製糸場設立時にリヨンから製糸器を導入したのも、ガイゼンハイマーの口添えがあったのかもしれない。

埼玉北部と富岡は同一文化圏

話を埼玉県に戻したい。埼玉県というと、大宮、浦和(ともに現在は他二市と合併してさいたま市)、川口、所沢、川越など、東京に近接する通勤圏というイメージが強い一方、群馬県と聞くと、赤城山や谷川岳、あるいは草津温泉や水上温泉など、山に囲まれたエリアという印象が強く、旧国名でも、武蔵と上野《こうづけ》と異なっており、全く別の文化を育んできた地域のように思われるのも当然であろう。

しかし、埼玉県の北部・西部と群馬県は、実はかなり近い、あるいはほぼ同一といってよい文化圏を形成している。

例えば、どちらの地域にも見られる食べ物として、「お(っ)きりこみ」がある。小麦で作った幅広の麺と野菜などの具を煮込んだ料理で、山梨の「ほうとう」に近い郷土料理である。群馬県ではほぼ県南の平野部全般で食べられるのに対し、埼玉県では夜祭のところで触れた秩父でも同じ

「おきりこみ」という名前で伝承されている一方、深谷、本庄といった地域では、「煮ぼうとう」という名前のほうが一般的である。

埼玉北部も群馬もともに利根川の流域にあり、冬は赤城山や榛名山から吹き降ろす北西の季節風、いわゆる「赤城おろし」「榛名おろし」の影響を強く受ける地域でもある。また、水田よりも畑作が卓越する地域である。おきりこみが食べられるのは、この両県が小麦の主要な産地であることが大きな理由である（小麦の都道府県別収穫量では二〇一二年現在、群馬県が四位、埼玉県が七位）。

そして、この本のテーマである養蚕・製糸に即して言えば、群馬県の西毛地域（富岡市、藤岡市、下仁田町、安中市など）と埼玉県の児玉・秩父地方は、江戸時代から農家の多くが養蚕を行い、家内制手工業で自家で繭から生糸を挽くところまで行っているという共通点があるばかりか、埼玉県で採られた繭や生糸が群馬の市場に運ばれ、そこで取引されて、上州ブランドとして江戸に運ばれるというように、同一の経済圏を形成していたことも様々な資料からはっきりとわかっている。例えば群馬県藤岡市には、江戸時代、生糸の仲買をする業者を絹宿と称し、西毛や埼玉西部の絹を集めて、江戸から来た生糸商との間で取引を行っていた記録が多く残されている。秩父市は現在では西武鉄道で東京と直結しているが、その間には険しい峠があり、近代以前は物資の運搬は荒川沿いにいったん北へ運んだほうが都合が良かった。藤岡市のみならず、高崎市などでも月に六回の市が立つ六斎市で絹が扱われ、近在だけでなく、西毛、秩父一帯の絹が集まっていた。現在、埼玉と群馬の県境を流れる利根川は交通を分断する自然の境界ではなく、むしろ、当時の物資の運搬の主力をなしていた河川交通の大動脈であり、双方の物資が川を挟んで行き来していた。富岡製糸場が群馬県側にありながらも様々な形で埼玉と密接に結びついていたのは当然のことと言ってよいだろう。
ちなみに、富岡製糸場が開業した翌年の一八七三年六月から七六年八月までの三年二か月の間、現在の群馬県とほぼエリアが一致する旧群馬県と、現在の埼玉県の北部・西部にあたる旧入間県が合併し、熊谷県となっており、県庁は現在の熊谷市に置かれていた。富岡製糸場もこの期間は、熊谷県に所在したことになる。

創業期の工女の多くが埼玉から

富岡製糸場の草創期に働いた工女たちの出身地を見ると、年代によってばらつきがあるので、一概には比較しにくいが、史料に残っている最も古い記録である、創業から三か月後の一八七三年一月の数字を見ると、群馬県出身者二二八人、入間県（埼玉県）が九八人、宮城県一五人と、総計四〇四人のうち群馬県と埼玉県で四分の三を占めている。創業時の記録がないのは、前述したように予定の人数を大きく割り込んでいたためと思われるが、こうした苦境の中、地元の群馬県に次いで、そのおよそ半分の工女を送り出した埼玉県の役割はきわめて大きかったであろう。この中には、初代場長尾高惇忠が工女の第一号として自分の娘、勇を入場させたことも含まれており、その後も一〇〇人近い工女を送り込んでいる。その後埼玉県出身者は、工女の取り締まりの役や寄宿舎の部屋長などを務めたり、一等工女の割合が多いなど、その存在感は人数以上のものがあったと考えられる。

その中でよく知られた埼玉県出身の代表的な工女といえば、青山村（現、比企郡小川町）出身の青木照《てる》であろう。一八七二年に富岡製糸場へ赴く伝習工女が集まっていないことを知った当時五八歳だった照は、自ら近村を廻って工女を募り、同年七月に孫娘の敬（当時一七才）を含む三〇名とともに富岡に赴き伝習工女となった。同年八月には勧農寮から「繰糸工女取締副」に任命された。各県に布告された際の工女の募集年齢は「一五歳から二五歳」であったから、この年齢の照が応募したのは不思議な気もするが、親元を離れた若い工女を寄宿舎住まいさせることから、寮母のような年配で面倒見の良い先輩が必要だったのだろうし、こうした先輩なしでは、一〇代前半の娘を送り出す親のほうも心配で、送り出せなかったかもしれない。

照は同時に「勤務中取締同様取扱候事」の辞令も受けて、業務の上でも工女取締役の職務に当たる。器械製糸の技術を習得した照はその後小川に戻り、自宅の伝習場で富岡で得た最新の繰糸法を近隣の子女に伝え、のちに小川町が養蚕の街として栄えたことに大きく貢献した。

ところで、史料で入間県から入場した工女の年齢構成を見ると、一五歳以下が一九人、二〇代も同様に一九人のほか、三〇代七人、四〇代六人、五〇代三人、六〇代一人となっている。繰り返すが、本来の募集の年齢の上限は二五歳であった。上限年齢を越えている三〇代以上が一七人もいるのである。結婚前の若い女性を、親元から離れた、しかも評価も定まっていないどころか異人のもとで働かねばならない状況で送り出すのは相当ためらわれたことであろう。もちろん、工女が全国から来て、定員を満たすようになると、工女の年齢も下がっていったが、黎明期の工女の募集は、製糸場運営の中でももっとも大きな難題であり、その中で何とか人数を揃えようとした当時の入間県、埼玉県の女性たちが富岡製糸場に果たした役割はきわめて大きいと言えるだろう。

一八七三年に長野県から工女として富岡製糸場に入場した和田英の『富岡日記』の中にも、「諸国より入場致されました工女と申しますは、一県十人あるいは二十人、少なきも五、六人とほとんど日本国中の人にて、北海道の人まで参っております。そのうち多きは上州、武州…」と、群馬県、埼玉県からの工女が多かったことが工女の間でも知れ渡っていたことが記されている。

速水堅曹
（提供；三の丸尚蔵館）

ちなみに北海道に設立された開拓使庁製糸場は、設置に先駆けて数人の工女を富岡製糸場に技術習得のために派遣したが、この工女が札幌に戻って製糸場を立ち上げた時、できた生糸を束ねる「束糸」指導のために、埼玉県出身で富岡製糸場で働く工女がはるか札幌まで指導のために派遣されている。埼玉県出身で富岡製糸場に入った工女の中には、このようにさらに富岡から派遣されて各地への製糸技術の伝播に大きな役割を果たした者もいるのである。

赤字立て直しは川越藩士速水堅曹

初代場長の尾高惇忠が一八七六年に製糸場を去ってから、三年間山田令行が場長を務めたのち、一八七九年、三代目所長（名称が富岡製糸所となったため、「所長」とする）となったのはこれも埼玉県川越の出身である速水堅曹《けんそう》（一八三九～一九一三）であった。

速水は、当時松平直克が藩主であった川越藩士として生まれた。川越藩はもともと前橋に城があったが、利根川の浸食により城が崩壊の危機にさらされたため、川越に城を移し、前橋を分領としていた。しかし、幕末近くになって前橋城も改修され、地元からも藩主が前橋へ戻るのを期待する声が大きく、一八六七年、直克は本拠を前橋に戻した。

速水も城の引っ越しに合わせて前橋につき従った。江戸時代から生糸の集散地であった前橋では、横浜開港以降生糸が莫大な利益を上げるようになっていた。前橋城の改修の費用が捻出できたのも、前橋から横浜に送られた生糸が高く売れたからだと言われている。

速水は、前橋の生糸の評判が高いことを知り、藩の財政を立て直すため、一八六九年には横浜に藩営の生糸売り込み問屋「敷島屋庄三郎商店」を開き、さらには前橋に藩営の器械製糸場の建設を計画、富岡製糸場開場からさかのぼること二年、一八七〇年にスイス人ミューラーの指導により、イタリア製の繰糸器による日本最初の器械製糸場である藩営前橋製糸場を開業した。前橋製糸場があった場所はすでに往時のものは何も残っておらず、記念碑が立っているのみである。

前橋製糸場跡の碑
（前橋市住吉町）

速水は所長になると、いくつかの改革に乗り出したが、抜本的な改革にはならず、持論である富岡製糸場の民営化を実行するために官職を辞す決心をし、一年あまりで辞職後、横浜に生糸の輸出専門の会社「同伸会社」を設立、富岡製糸場の生糸をフランスに売り込むことになる。一八八五年再び五代所長となり、民営化されるまで官営期最後の所長を務めた。

繭不足を救った埼玉の養蚕地帯

養蚕農家が集中し、月に九度の繭の市「九斎市」が立つなど、繭の確保が容易であるからこそ、富岡に官営の製糸場が建てられたわけだが、良質の繭を仕入れ続けることは、富岡製糸場とはいえ、容易なことではなかった。というのも、富岡を中心とした群馬県西部では、大規模な民間の器械製糸場こそ設立されなかった代わりに、近隣の農家が集まって組合を作り、それぞれの農家で江戸時代から続いていた「座繰《ざぐり》」と呼ばれる手作業での製糸を行って生糸を集め、品質を高めるために、共同で別の大枠に巻き直して出荷する方法で、生糸を生産し続けていたからである。

日本はヨーロッパに比べて湿度が高く、器械で小枠に巻き取った生糸をそのまま出荷すると、湿り気により固着してしまうため、一度巻き取った生糸をもう一度巻き直して出荷するという方法を、富岡製糸場でも採用していた。この巻き直しの作業を「揚返《あげかえし》」と呼び、創業時の富岡製糸場では、繰糸場の窓際でこの作業を行っていた。また、「揚返」を行う繰糸法のことを「再繰式」、器械で巻き取った生糸を揚返をしないで出荷する方法を「直繰式」と呼んでいた。いわば前者が日本式、後者がヨーロッパ式ということになる。揚返を行うと、生糸の湿度を下げて乾燥させることにより品質が上がるだけではなく、もう一度生糸を点検することになるため、糸が切れていたり、極端にムラができていればそれを取り除くことができ、品質管理にもつながった。

このように地元農家が組合を結成して共同で揚返を行って出荷する仕組みを「組合製糸」と呼び、富岡製糸場のおひざ元であるにもかかわらず、安中、下仁田、富岡などの地域ではこの組合製糸が大きな力を持ち、したがって生産された繭は組合製糸に優先して回され、富岡製糸場は地元で良質な繭を確保することが容易ではなくなっていたのである。

富岡製糸場の繭の購入先を県別に見ると、もちろん、一番多いのは地元の群馬県であるが、年代が下るにつれて、群馬県の割合が下がり、長野県や埼玉県の割合が上がっているのが読み取れる。一八八四（明治一七）年度（八四年七月～八五年六月）の地域別繭購入数量を見ると、群馬県が二一三四石、埼玉県が二四一〇石、長野県が六二〇石で、埼玉県が全体の四七パーセントを占め、地元の群馬県よりも多くなっている。ちなみにこの年の合計購入繭量は五一六四石で、これは東西繭倉庫の最大収蔵量である五〇〇〇石を上回っており、満杯になっていただろうと推定できる。

富岡製糸場の原料の買い付けを行っていた埼玉県の代表的な商人に、本庄の糸繭・蚕種商の東諸井家があり、「生繭買入詳細取調簿」などの取引の記録が埼玉県立文書館に残されている。一〇代当主諸井泉衛は本庄郵便局の創設者で妻が渋沢栄一の従姉妹、その次男で一一代目の恒平は秩父セメントを設立したほか秩父鉄道の社長を歴任、その孫の一人が、やはり秩父セメントの社長などを務め、財界の論客として鳴らした諸井虔《けん》（一九二八～二〇〇六）である。県境を越えて、繭は富岡に集められたのであった。

原合名会社の発祥も埼玉県

埼玉県と群馬県の西部を県境となって流れる利根川の支流神流川《かんな》。この美しい流れを借景に四月の一か月間だけ公開される、知る人ぞ知る庭園がある。埼玉県神川町渡瀬にある天神山公園である。起伏のある自然の地形を利用して枝垂桜やツツジ、レンギョウが咲き誇るさまは桃源郷のようで、作者の高い美意識をうかがわせる。作庭者は、原善三郎。幕末期から明治初期にかけて横浜で生糸売込商として「亀屋」の屋号で活躍し、のちに横浜・本牧に広大な別荘を作った。この善三郎の後継ぎが、一九〇二年から三八年まで三六年間にわたって富岡製糸場を所有、経営した原富太郎（三溪）であり、天神山公園は、実は原家の本家の裏に広がる私庭なのである。

天神山公園（埼玉県神川町）

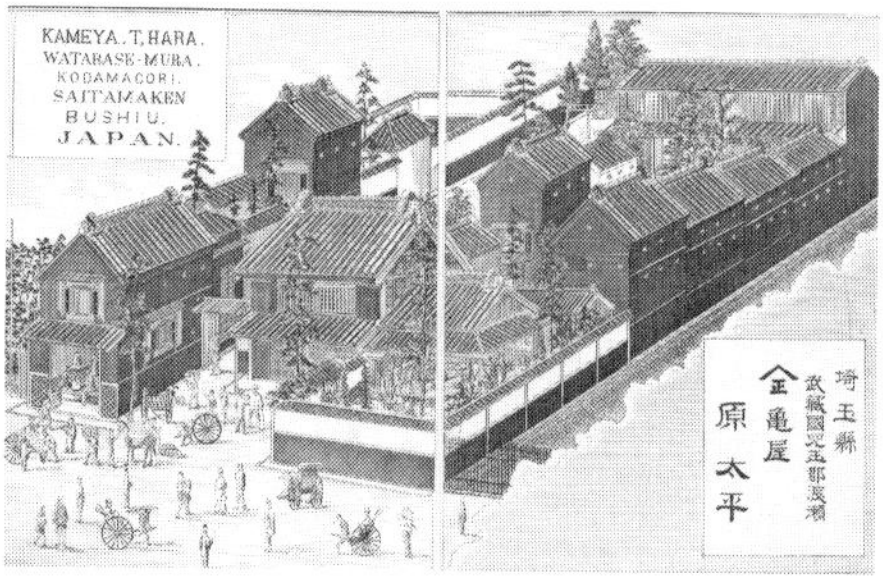

児玉郡渡瀬村の原家（提供；横浜開港資料館）

富太郎は、善三郎から引き継いだ本牧の別邸の庭を整備し、のちには自宅を横浜・野毛からこの地に移し、整備した庭を一般に公開した。これが横浜を代表する、というより日本を代表する庭園として知られる三溪園である。そういう歴史を知って天神山公園を渉猟すると、作庭へのこだわりに共通するところが感じられる。埼玉県に地盤を持ち、横浜で羽ばたいた企業が、このあと第三章で述べるように、富岡製糸場が最も輝いた時期に経営したことも、富岡製糸場と埼玉県の深いつながりを感じさせる。

原善三郎は、横浜で生糸売込商をする前は、秩父など埼玉県西部で集めた絹を前橋や高崎などの生糸問屋に運んで売り込む商売を行っていた。まさに、埼玉と群馬を生糸で結びつける生業をしていたことになる。その跡継ぎが群馬の製糸場を経営することになったのは、偶然ではないのかもしれない。ちなみに、三溪は善三郎の実子ではなく、善三郎の孫娘と結婚して原家に入った養子であり、三溪自身は岐阜県の出身である。原家については、次章でくわしく述べる。

片倉の火を最後まで灯し続けた埼玉県

さいたま市の新都心地区に、コクーンという大きなショッピングモールがある。コクーンは英語で「繭」。そしてその隣のショッピングモールの名は、カタクラモール。そう、ここは、片倉工業の中でも五指に入る巨大な製糸場であった、片倉工業大宮工場の跡地である。片倉と大宮の関係は深く、当時の片倉製糸が地元の長野県外に初めて造った東京・千駄ヶ谷の製糸工場を一九〇一年に移転したのが始まりである。最盛期の敷地は七万八千平方メートルと富岡製糸場の一・五倍もあった。大宮の氷川神社（武蔵国一宮）の三の鳥居は、片倉二代目社長の今井五介の寄進であり、その次男今井五六は、初代大宮市長を歴任、彼が創始した片倉学園は、現在の県立大宮高校へとつながっている。

また、埼玉県東部の加須市《かぞ》にも片倉工業の大きな製糸工場があったが、こちらも今は片倉工業直営のショッピングセンター（加須カタクラパーク）に転換された。

また、富岡製糸場は、片倉最後の製糸工場と思われがちだが、富岡製糸場閉鎖後も、事業は熊谷市にある熊谷工場に集約され、一九九四年まで操業が続けられた。富岡で働いていた従業員の一部も熊谷に配置転換となり、操業停止まで働いた人もあったという。そうした関係もあって、現在も熊谷工場と富岡製糸場の元従業員同士の定期的な交流会が行われている。

岡谷で創業し、富岡製糸場も含め、最盛期には六二もの製糸工場を経営した世界最大の製糸会社が最後まで繰糸機を回し続けたのは、埼玉県の熊谷市であったことも、富岡と埼玉をつなぐ因縁の糸の一本であろう。熊谷工場の跡地もショッピングセンターになっているが、この一角には片倉シルク記念館があって、稼働していた繰糸機や工場のジオラマなどを見学することができる。

二〇一四年、さいたま絹文化研究会発足

富岡製糸場の世界遺産登録運動を求心力に、県内の行政やマスコミが「シルクカントリー」を盛り上げる群馬県と違い、埼玉県では長らく絹に関する啓発や情報発信活動はそれぞれの地域で細々と続けられているに過ぎなかったが、二〇一三年秋に、埼玉県の蚕糸・絹文化を次世代に受け継いでいくために情報発信や関係者のネットワークづくりを進める「さいたま絹文化研究会」が発足。この章の冒頭で述べた秩父神社のほか、川越・氷川神社、日高・高麗神社といった養蚕にかかわりの深い神社の宮司も加わり、絹や着物に関する市民団体などの交流が次第に広がり始めた。

二〇一四年三月に開かれた研究会発足の記念講演会には、法政大学総長で江戸文化の研究者である田中優子氏の着物に関する講演があったほか、富岡製糸場の啓蒙活動を続ける団体など、埼玉県と近県の絹文化にかかわる様々な市民団体が一堂に会した。

富岡製糸場の世界遺産登録運動は、群馬県が音頭を取っていたこともあって長い間県内に限られていたが、富岡製糸場の歴史への理解が進み、県境を越えて地域に埋もれていた絹文化の伝統を守ろうと活動する人々に、富岡製糸場が常夜灯のように道しるべの役目を果たし始めている。渋沢栄一、尾高惇忠、韮塚直次郎を輩出した深谷市は、二〇一三年一〇月に富岡市と友好都市提携協定を結び、交流をスタートさせている。これまで都道府県の縦割りの枠の中で展開されていた世界遺産登録活動が、その枠を超えて共通の文化を理解し合ったり、ネットワークを広げようとする動きにつながってきたことは、活動の一つの成果だと言えよう。

◆コラム　工女たちの仕事

第一章で製糸場は繭から生糸を挽くところであることを述べたが、富岡製糸場に入った工女たちは、具体的にはどんな仕事をしていたのだろうか？

製糸場のもっとも重要な仕事は、「繰糸」の作業である。当初、ブリュナによって輸入された繰糸器は、一台（一釜）に一人の工女が付き、目の前の鍋で繭を煮て糸の先端を探し、それを何本か集めて一定の太さにしていくもので、巻き取りは蒸気エンジンによる動力が使われた。工女は技術により等級づけされ、当初は四段階に、二年後の一八七四年には八段階に細かくランクが分かれた。この時には、一等の上の「等外上級工女」（月給八円）から「七等工女」（月給七五銭）まで、月給で一〇倍以上の格差が設けられた。生糸の太さは、デニールという単位で表されるが、繭一つ一つで違う糸の太さの微妙な違いを織り込んで、常に同じ太さを保つには、手先の器用さと一定の経験が必要であった。特に、同時に糸を挽いている繭のうち、一つの繭の糸を挽き終わった瞬間に、新しい繭の糸口を引っかけるように継ぎ足し、太さを一定に保つのが難しい技術であった。当然、ランクが高い工女ほど、均一で節目のない糸をより速く挽くことができた。今でいう完全な能力給の世界であり、最高ランクでは男性の工員よりもはるかに高い賃金を手にすることができた。

製糸のほかにも、前述したように、集められた繭から作業に不適なものを取り除く「選繭」という作業や、繰糸場の窓際に置いてあった器具を使って、繰糸器で小枠に巻き取った生糸を、より大きな枠に巻き取り直す「揚返」、生糸を出荷用に束ねる「束糸」など、様々な作業が行われており、直接生糸に触る仕事のほとんどは女性の仕事だったといってよいだろう。

江戸時代までは、自宅で採れた繭を使って、座繰という簡単な装置で主に女性が糸を挽き、しかも機織りまで行っていた農家も多かった。家族単位で、養蚕、製糸、織物を一貫して行っていた作業のうち、その真ん中の製糸が専門化したことにより、養蚕、製糸、織物は、それぞれ別の作業として独立し、専門性と生産性を高めていったのである。

工女の中には、尾高惇忠の娘で第一号の工女になった勇や、一八七三年から一年数か月富岡で技術を磨き、その後郷里の長野県松代町で民間の器械製糸場を立ち上げて指導に当たった和田英（当時は結婚前で横田英、一八五七〜一九二九）など富岡製糸場の歴史に必ず登場するビッグネームのほか、有名人の関係者の名前もある。外務卿や参議を勤めた後に元老となった長州出身の井上馨の姪である鶴子と仲子、言論人として名をなした徳富蘇峰の姉久布白《くぶしろ》音羽（その娘久布白落実は、廃娼を訴えた矯風会のリーダーとして知られる）らも、工女として富岡製糸場で働いている。

第3章

原三溪から見た富岡製糸場

換気の扉が並ぶ東繭倉庫

富岡製糸場の経営者の変遷

第一章でも短く紹介したが、富岡製糸場は、創業から二一年間の官営期ののち、三つの企業によって経営が引き継がれてきた。三井家による九年間の経営、原合名会社による三六年間の経営、そして株式会社富岡製糸所時代の一年間も含め、一九八七年の操業停止まで四九年間にわたって製糸の機械を動かし続けた片倉工業による経営である。

こうしてみると、建設決定から官営初期までは資本主義の父としてその名を今に残す渋沢栄一の大きな影響下にあり、引き続いて銀行や呉服店の経営を行い、日本有数の財閥となった三井家が引き継ぎ、さらに横浜でも最大級の生糸貿易商であり、横浜の経済界のトップに君臨した原三溪がバトンを受け、そして最終ランナーとして世界最大級の製糸会社が工場の運営を引き受けたという歴史は、いかに富岡製糸場が輝かしい担い手によって引き継がれてきたかを物語っており、経営の変遷を見るだけでも壮観といってよい。

明治初期に政府によって造られたり、幕末に徳川幕府によって造られた工場のうち、「官営」であり続けたのが、陸海軍の工場（海軍工廠など）と官営鉄道、そして造幣の工場であった。一方、それ以外の工場は、経営の合理化などのため、民間に委ねられることになった。

一八九一年、富岡製糸場の最初の入札が行われ、長野県川岸村（現、岡谷市）の片倉兼太郎と、長野県松代町の貴志喜助の二名が応札したが、政府の予定価格五万五千円にははるかに及ばず、ともに一万三千円台という低い応札額だったため、払い下げは見送られた。この片倉兼太郎は、一八七八年に、天竜川沿いに小規模な器械製糸場を興し、のちの片倉組、片倉製糸紡績へと発展させて、世界最大の製糸会社となり、一九三八年に事実上富岡製糸場の経営を引き継いだあの片倉の創業者である。

政府は二年後の一八九三年、再び入札を行い、今度は五人が入札に加わった。地元群馬県が一人、滋賀県が一人、長野県が二人、そして東京が一人である。長野県の一人は、一回目の入札に参加した片倉兼太郎ら岡谷の製糸業者が共同出荷のために作った開明社という製糸結社の当時の代表、林国蔵（一山《いちやま》カ《か》林製糸場の経営者）であった。片倉はここでも実質的に富岡製糸場の払い下げに手を挙げたのである。しかし、応札したのは、「三井高保代理津田興二」で、金額は十二万一四六〇円。一回目よりもはるかに高い金額のように見えるが、この価格には巨大な繭倉庫に納められていた原料繭の代金八万円が含まれていた。これを差し引けば、製糸場そのものの金額は四万円あまりと初回の予定価格よりも低い金額であった。創業時の製糸場の建設費が二〇万円を下らなかったことを考えると、決して高くはない買い物だったと言えるかもしれない。落札した三井高保（一八五〇～一九二二）は、三井家一族の一人で、当時三井財閥の中枢であった三井銀行の経営者であった。

三井による経営

三井は、前身の越後屋呉服店時代から、富岡をはじめ西上州地方とは深い縁があった。江戸中期、すでに生糸の買い入れを行っていた越後屋は、一七三三年、富岡の中町にあった絹を商う店を越後屋のための生糸を取り扱う指定店とした。また、富岡の東にある藤岡では、十数軒あった絹の売買の店、「絹宿」の中に、越後屋の専属のような宿ができ、このあたりの銘柄絹を仕入れて江戸へ送

中上川彦次郎
（提供；国立国会図書館）

るルートを構築していた。三井にとって、富岡は決して遠い土地ではなく、先祖が江戸で商売を成功させたその土台を支えた地域であったのである。

さらに、一八七七年、三井物産は、富岡製糸場で生産された生糸をすべて自社のフランス・リヨン支店で販売する命令書を当時の勧農局長松方正義から得ており、これが居留地の外国商社を通さないで生糸を直接輸出する始まりとなっている。三井は、官営時代にすでに、その製品を売る商社としてかかわりを持っていたのである。

さて、三井で実際に富岡製糸場の経営にあたったのは、三井高保ではなく、一八九一年に三井銀行に入った中上川《なかみがわ》彦次郎（一八五四～一九〇一）である。中上川は旧中津藩士で同じ中津出身の福沢諭吉の甥にあたり、福沢が創設した慶応義塾に学び、工部省の御用掛や山陽鉄道の社長を歴任、その後、三井の銀行部に入って理事にまでなった実業家である。

三井の慶応人脈

話は少し逸れるがこの時期に三井銀行にかかわった人たちの中には、慶応人脈ともいうべき、福沢の薫陶を受けた者が多い。入札時に代理として名前が載り、その後富岡製糸所長となった津田興二も、中津出身、慶応義塾の卒業で、中上川と全く同じ経歴である。彼はのちに玉川電気鉄道（のちに東急電鉄に吸収）の社長を務め、その時に開発した現在の川崎市多摩区の住宅地には彼の名字から採って「津田山」という名がついた。現在もＪＲ南武線の駅名などにその名を残している。

ほかにも、松尾伲三郎（一八九六年入行、富岡製糸所勤務）、藤原銀次郎（一八九五年入行、一八九七年から翌年まで富岡製糸所長、一八九八年に王子製紙に移り、のちに社長、「製紙王」と呼ばれる）、築信彦（一九〇三年まで富岡製糸所、のちに原合名に移る）らも慶応出身であるし、中上川が死去して、製糸場を原合名に譲渡する際に中心となった朝吹英二も、中津出身で慶応義塾の卒業生である。翻訳家朝吹登水子の祖父、芥川賞作家の朝吹真理子の曽祖父にあたる。朝吹は製糸場の整理を終えた後、王子製紙に移り、のちに会長となっている。錚々たる実業家が富岡製糸場にかかわっていたことが伝わってくる。

大嶹《おおしま》製糸所の絵葉書

（提供；明治大学図書館クリスチャンポラックコレクション）

中津といえば、操業開始から八年後の一八八〇年に、二五名の中津出身の工女が富岡製糸場に入場している。旧藩士が出資して地元に作った製糸工場の指導者となるため、九州から派遣されたのである。富岡と中津藩には一〇〇〇キロを隔てて不思議な縁があるようだ。

さて、経営再建を託された中上川は、呉服店と両替店、つまり商業・金融を中心とした三井家に工業化の道筋をつけ、富岡のほか、大嶹《おおしま》製糸所（一八六九年設置、現宇都宮市、のちに三井家が所有）と四日市製糸所、名古屋製糸所（ともに一八九五年、三井工業部直営として新設）の四製糸所体制で新たな改革に乗り出した。富岡製糸所の所長には、大嶹製糸所の運営にあたっていた津田興二を据え、イタリア式の繰糸器の増設や繭の貯蔵を従来の常温乾燥から冷蔵へ切り替えるなど、草創期のフランス直伝の技術から大きく一歩踏み出した。入札の「代理」をしたのが、この津田であるから、落札したら富岡製糸場の現場運営を担うことを任されていたのかもしれない。津田は、時事新報の記者や福岡県師範学校長を歴任してきたように、製糸については全くの素人であったが、製糸の要は繭をいかにうまく乾燥させるかだと考え、『繭乾燥叢話』という著書を出すほど、繭の乾燥と保存方法の改良に力を注いでいる。

その一方で、新設した名古屋と四日市の製糸場の経営が行き詰まり、九八年には工業部が廃止され、さらには一九〇一年、中上川が病死、彼の工業化路線を批判していた勢力が息を吹き返し、製糸場の譲渡先を探すことになった。

三井から原へのバトンタッチ

そこで名乗りを上げたのが、開港後に生糸貿易商として横浜に進出、順調に業績を伸ばし、当時、日本でも指折りの生糸商となっていた原合名会社であった。三井家が、現在も三井物産や三井住友銀行として後継会社が誰でも知っている有名企業であるのに比して、原合名会社は現在横浜市民でも存続企業について知る人は少ないほどなじみが薄いが、富岡製糸場を三井家から受け継いで以降、片倉製糸紡績に引き継ぐまでの間、経営の第一線にあった原三溪の個人名は、横浜の名園、三溪園の設立者として一定の知名度を誇っている。この三溪が富岡製糸場とそのほか三か所の三井が経営するすべての製糸所を一括して譲り受けたのである。当時の価格で二三万円ほどであった。

原三溪の詳細な伝記である『原三溪翁伝』（藤本実也著）の第八章第二節「富岡製糸所」の項には、「当時の価格二十三万円と謂へば、ほかの普通の製糸家ではちょっと手が出なかつたであらうが併し新築設計のことを稽《かんが》ふれば一大掘出物である。建築物の比類なき宏壮雄大と、設備器械の優秀卓絶せる等、新に製糸業を創剏せんとするものは望んで得難き絶好の買物であつた。これに由つて後来原家の利潤は繊少ならざるものがあつた。三溪翁の生涯に於ける一大成功と謂はなければならぬ」と、この決断を絶賛している。

原商店（横浜・本町）（提供；横浜開港資料館）

さらに「当時に於けるこの挙は洵《まこと》に水も漏らさぬ極秘裡に交渉が行はれ、その発表さるるや、晴天の霹靂の如く世の耳目を欹《そばだ》たしめた。而してこの時三重製糸所（筆者注、先述の四日市製糸所のこと）は同地室山製糸所主、伊藤小左衛門がその目睫《もくしょう》の間（筆者注、ごく近いこと）に在る関係上非常に垂涎し、切なる懇望に対し好意を以てこれに譲り渡すこととなつた」と続いており、この譲渡が水面下で話し合われ、電撃的に発表されたこと、入手した四つの製糸場のうち、四日市製糸所はすぐに地元の室山製糸所の経営者に譲られた、つまり三井から四つの製糸場を購入したが、おそらく一番入手したかったのは、富岡製糸場であっただろうことが推察できる。

なお、ここに登場する伊藤小左衛門は六代目で、先代の五代目は、子どもらを開業間もない富岡製糸場に派遣し、習得した技術を用いて一八七四年に器械製糸場を創始した製糸家である。

当時の新聞記事から

三井家から原合名へと富岡ほか四つの製糸工場が売り渡されたことは、当時の新聞にも記事として掲載されている。「横浜貿易新聞」（のちに合併などを経て、現在は神奈川新聞）の明治三五年（一九〇二年）九月四日版一面に「三井家所有製糸所の売渡」と題して、「三井家にては其経営事業中同家の事業として恰当せざるものの漸次之を整理せんとするの方針を採り既に同家呉服店の所管に係る製糸所の如きは相当の所望者を見出して売渡さんと欲しつつある折柄恰かも好く当市の生糸問屋原富太郎氏大いに製糸業を拡張せんとするの計画ありここに双方数回の交渉を遂げたる後、同呉服店所属の富岡、大嶹、名古屋、及び三重製糸場等を挙げて原氏に売渡すこととなり其相談愈々成就したりと云う」という淡々と事実だけを記した記事が出ている。

翌日の同新聞二面には解説記事が掲載されている。原合名が全力で製糸に邁進するのは富岡と大嶹の二工場で、名古屋と三重はすぐに貸し渡すつもりがあること、三井家が売却したのは、製糸事業は個人相手の営業で、三井家の採るべき事業ではない、製糸場に投入した資金で国家的事業を経営するためであるなどと書かれている。

横浜貿易新聞は、その名の通り、横浜の輸出入品の動向や市況を中心とした記事がほとんどで、毎日のように、リヨン、ミラノ、ニューヨークの生糸市況が掲載されているほか、貿易商が扱う生糸の産地も詳しく記載されている。また、九月五日の新聞には前月の輸出入品の金額が品目ごとに出されており、総輸出額およそ一二一二万円のうち、生糸は七三〇万円で、全体の六割を占めている。そのほかに羽二重が一六五万円、甲斐絹が一六万円と、絹製品に範囲を広げると、輸出額の四分の三を絹製品が占めているのがわかる。

三井物産社長益田孝と原三溪の深い交わり

白雲洞茶室（神奈川県箱根町）（提供；箱根強羅公園）

なぜ、三井家は原家に富岡製糸場を譲ろうとしたのか、なぜ秘密裡に譲ることができたのか。そのヒントとなる建物が神奈川県の箱根・強羅に残されている。強羅公園の中にある「白雲洞」という茶室である。実は、この茶室も、富岡製糸場同様、三井から原に譲られたものである。三井物産の創始者として知られる益田孝は、三溪の先代善三郎時代から昵懇で、一八七五年前後の蚕種価格の暴落時に、善三郎は益田孝や渋沢栄一らと協力して政府に責任を取らせて業者を救済したことが『原三溪翁伝』にも記されているが、三溪の代になっても、益田と三溪は親交を深めていた。のちに三溪が茶道にのめり込み始めると、鈍翁の名で茶の世界ではすでに日本でも指折りの数寄者として知られていた益田孝との関係はさらに深まった。益田が建てた箱根の名茶室、白雲洞を三溪に譲ったこと自体、益田がいかに三溪を引き立てようとしていたかがわかるエピソードである。

事業一辺倒ではなく、趣味の世界でも第一級の見識を持っていた鈍翁と三溪（三溪の芸術への深い理解と貢献は後で触れる）だからこそ、今から一〇〇年以上も前に富岡製糸場の価値を正確に見極め、その価値を受け継いでくれる人へと譲渡されたことがうかがえる。

原三溪
（提供；三溪園）

ちなみに、三溪の長男善一郎の結婚相手が三井合名会社の理事長や三井三池炭鉱の経営者などを経て三井財閥の総帥となった団琢磨（のちに血盟団事件で暗殺、作曲家の団伊玖磨は琢磨の孫）の四女であったことも、原家と三井家との深いつながりを示している。

生糸業界の巨人、原三溪

ここで簡単に原三溪こと、富太郎について触れておきたい。富太郎は、一八六八年（慶応四年）、美濃国厚見郡佐波村（現在の岐阜市柳津町）の素封家であった青木家に生まれ、一六歳で上京、東京専門学校（現、早稲田大学）で学んだあと、跡見女学校（現、跡見女子大学）の教師を務めていた。この一介の教師が跡見女学校の生徒と知り合い、結婚することになって、大きく運命を変えた。結婚相手の原屋寿《やす》の祖父が当時横浜で最大の生糸売込商の一人であった原善三郎であったからだ。しかも、屋寿は、善三郎の長女の婿養子となった実父をすでに亡くしており、屋寿の夫となることは、原家に婿入りし、原商店の跡取りを引き受けることを意味していたのである。富太郎も長男で本来なら青木家を継ぐ立場にあったが、婿入りを決意、教職の身から横浜随一の生糸商の跡取りとなったのである。

富太郎が原家に入った一八九一年から八年後の九九年、当主の善三郎が逝去、富太郎が原商店を継ぐと、会社の近代化に取り組み始めた。翌一九〇〇年、原商店を原合名会社に改め、生糸輸出部を創設、その二年後の一九〇二年に三井家から富岡製糸場を含む四つの製糸工場を譲り受け、製糸家としての道も歩み始めた。同じ年、善三郎が購入していた横浜・本牧の別荘地の周辺を買い増すとともに、敷地内に住居となる鶴翔閣と呼ばれる邸宅を建てて野毛山の自宅から移り住み、敷地内を庭園として整備し、一九〇六年市民に無料で開放した。三溪園の始まりである。三溪園は、この地が「本牧三の谷」と呼ばれる三つの谷でできていることから命名され、それがそのまま富太郎自身の号にもなった。

満を持して生え抜きの工場長古郷時待を抜擢

富岡製糸場など四つの製糸場を手に入れた原合名会社は、先述のように四日市製糸所を地元の製糸家に譲り、原家が埼玉県渡瀬村（現、神川町）の地元でもともと経営していた渡瀬製糸所を加えた四製糸場体制で、生糸貿易商から製糸業兼業へと大きく舵を切った。

富岡製糸場の経営は、しばらくは三井家時代の津田興二所長をそのまま留任させて経営にあたらせたが、生糸の品質を高めるには、良質の繭を安定的に、しかも大量に入手し続けることが肝要だとして、ただ単に農家が持ってきた繭を買うことにとどまらず、自ら繭の改良に取り組むとともに、その品種の蚕を近郷の農家で飼ってもらい、それを優先的にというよりも一括して購入するというスタイルを打ち出した。というのも、先述のように富岡がある群馬県西部では農家自らが中心となって共同で生糸にする地域ごとの組合製糸が力をつけ、富岡製糸場といえども、優先して良質な繭を入手し続けることが難しくなったという背景がある。そこで原合名会社は、一九〇五年、津田に代わって新たな工場長を迎えることになった。原合名会社の生え抜きで三溪の実妹の婿でもある古《こ》郷時待《ごうときまつ》を富岡製糸所原料倉庫主任兼第二工場主任から所長に据え、さらに名古屋製糸所の次長の職にあった大久保佐一を現業長に呼び寄せ、改革に着手したのである。同年、製糸所内に蚕業改良部を設置、翌一九〇六年からは養蚕組合と繭の直接取引を開始、また群馬、埼玉を始め各地に養蚕指導巡回監督員を派遣し、指導を強めた。今でいえば農協や農業改良普及センターのような役割を自ら果たすようになったのである。

さらに、一九〇九年、古郷は原合名会社の本店の支配人として横浜に異動、大久保が所長の座に就き、以後一九三四年に自ら命を落とすまで、二五年の長きにわたって富岡製糸場のトップとして次々と改革を進めることになった。

古郷は、本店で三溪の大番頭として活躍したのち、晩年を京都で過ごした。東山の山裾、琵琶湖疏水沿いの哲学の道の南端付近の若王子神社近くにある「密語庵《みつごあん》」と名づけられた住まいである。明治中期（大正時代という説もある）に造られた瀟洒な数寄屋風住宅で、脇の道路からその一部を望むことができる。古郷の死後は、三溪と交流のあった哲学者の和辻哲郎がこの住宅の主になった。和辻の代表作『古寺巡礼』は、三溪の長男原善一郎夫妻が一九一八年五月に和辻とともに京都・奈良へ旅をした時の印象記であり、和辻と三溪一家の親交はそれほど深かったと言えるし、和辻は数えきれないほど三溪園を訪れていた。「哲学の道」の名の由来は、京都大学の教授であった西田幾多郎が和辻を訪ねるために疏水沿いの道を銀閣寺から若王子まで歩いたことから名づけられたと言われているように、和辻が古郷の家に住んだことは現在にもその名残りをとどめている。なお、密語菴には、現在、やはり哲学者の梅原猛氏が住んでおられ、三溪の人脈が思わぬところで息づいていることがわかる。

1908年原富岡製糸所全景
（提供；富岡市・富岡製糸場）

名古屋製糸所から大久保佐一を呼び寄せ、のちに工場長に

一九〇九年に所長となった大久保のもとで、富岡製糸場の改革はさらに加速された。その前年の一九〇八年、場内に「蚕種製造実験所」が建てられた。鏑川沿いにある現在の製糸場の専用駐車場の場所である。また、一一年には蚕糸研究課を新設、一二年からはイタリアなどから黄繭種を輸入し、新たな品種の作成に力を注いだ。大久保が独自の蚕種の開発に乗り出したのは、一九〇六年に、日本の研究者がオーストリアの遺伝学者メンデルの発見した植物の優性の法則が蚕でも確認できることを発表したことが大きい。病気になりにくい丈夫な蚕と、良質の糸を吐く蚕を掛け合わせて、病気に強く良質な糸を吐く蚕を「一代雑種」として生み出せることが実証されて、より良い一代雑種を作ることが養蚕・製糸業の最重要の課題となった。国の機関や高等教育機関、他の製糸会社でも、「蚕種改良」は競い合うように行われたが、富岡製糸場は模範工場だったという知名度とDNAを生かして、一代交雑種の飼育に力を入れ、群馬のみならず、埼玉や長野の蚕種生産者に、蚕種の製造を依頼するようになっている。

ところで、大久保佐一が名古屋製糸所で働いていたのは、地元愛知県出身だからである。大久保は、その前には豊橋の細谷製糸で製糸業についての研究を行っていた。細谷製糸は、一八八三年（資料によっては八二年説もある）に愛知県で最初に操業を開始した器械製糸の工場とされており、創業者は地元の有力者、朝倉仁右衛門である。朝倉は七九年、器械製糸を学ばせるために富岡製糸場へ一三人を研修に送り出している。彼らの経験を活かして造られた製糸場で学んだ大久保のような技術者が、原合名会社の名古屋製糸所に勤めることになり、しかものちに富岡製糸場の現業長、そして一九〇九年からは所長となって、富岡製糸場の黄金期を築いたことは、模範工場として播かれた種が大きく育って再び富岡製糸場の発展につながったという奇縁を象徴しているようだ。

豊橋は、前橋の製糸工場で製糸の技術を学び伊勢へ下る途中にここに立ち寄り、地元の人たちに製糸の技術を教えた小渕志ち（一八四七～一九二九）が製糸の街に育て上げた、日本でも有数の「糸の町」でもあった。

蚕種や農機具を農家に無料配布

大久保は富岡製糸場で製造した新たな蚕種を農家に無料配布し、飼育の方法なども指導、そして飼育された蚕が作った繭を一括して購入するという手法で、高品質で均一な繭を大量に仕入れることができるようになった。

また、品質の向上のため、飼育に使う農機具なども養蚕農家に無償配布するなど、地域の農家と一体となった一貫生産が行われるようになった。敷地内の寄宿舎に閉ざされた工女たちがひたすら生糸を挽くという閉鎖的な製糸場は、広範に地域とかかわるようになり、一次産業と二次産業が協調体制をとる形で生糸の生産が行われたのである。大久保が所長になった一九〇九年は、日本の生糸輸出が初めて中国を追い抜き、世界一になった年でもある。富岡製糸場に黄金時代をもたらした大久保の所長就任の時期と生糸の輸出量が世界一になった時期が重なったことは、決して偶然ではない。

裏に「原富岡製糸所」と書かれた扇風機（提供；高崎市歴史民俗資料館）

高崎市の歴史民俗資料館の倉庫に、裏に「設置元　原富岡製糸所」と墨書された扇風機が保管されており、二〇一三年秋の「蚕の回顧展」という企画展で一般公開された。桑を乾燥させるために使われたもので、高さが一メートルほどもある。後ろに把手がついていて、それを手動で回して桑の水分を

創業時に使われたブリュナ・エンジン（博物館明治村蔵）

蒸発させるために使われたと考えられる。名前が入っているということは、市販されたものではなく、原合名会社富岡製糸所が養蚕農家に配布、あるいは貸与したものだと考えるのが自然だろう。このように、原時代の富岡製糸場は、とりわけ大久保の方針により、地域の農家と密接に結びついていくのである。

蒸気から電力へ

富岡製糸場の動力は、創業当初から石炭を燃やし蒸気エンジンを稼働させて繰糸器を動かすというものだった。この動力が電気に替わったのも大久保佐一の時代であった。一九二三年のことである。

また電力の導入は、自然光に頼っていた繰糸場に照明がつくことを意味し、それまでは南側からの自然光を採り入れるために、繰糸場の南側には建物を増設できなかったのだが、自然光がなくても電灯が使えるため、繰糸場に並行して小枠に巻き取った生糸を大枠に巻き直すための揚返工場を整備、三井時代には西繭倉庫の一角で行っていた揚返が繰糸場の真横でできるようになり、作業効率が格段に上がった。一方で照明の導入は夜間の作業時間の延伸という側面ももたらし、工女にとっては、労働時間が延長されることにもなった。また、ブリュナ館脇に寄宿舎と食堂が設置されたのもこの時期で、住と食の環境も作業場に近くなった。工女にとってそれがプラスなのかマイナスなのかは難しいところだが、広大な敷地の余白に効率を重視した建物配置をすることにより、生産性の向上が図られると同時に、オリジナルの繰糸場は、拡張の必要もなく、繰糸工場として操業時と変わらない機能を維持し続けた。創業期の工場が今に残ったのは、このように必要な機能を広大な土地を利用してうまく配置し続けたことにもあると考えてよいだろう。

原合名の富岡製糸場の評価

さて、この原時代の富岡製糸場の生糸の評価はどうだったのであろうか？　古郷が所長を務めた時代、製品の品位は、「別製飛切上」「飛切上」「飛切」「一等」の四段階で、最上質の「別製飛切上」は、当時最高品質であったフランス、イタリアの品質とほぼ同格の評価を欧米市場で得ていた。また、大久保所長時代になるが、一九一二（大正元）年、一九一九年、一九二〇年の三回にわたって業界団体が調査して作った『紐育《ニューヨーク》生糸市場に現はれたる日本生糸の格』という国内の工場商標別の生糸の番付が残されており、そこでは富岡製糸場の生糸の品質が国内でも最上級であったことがわかる。

原合名会社に売り渡されて一七年を経た一九一九年のリストでは、最高位（ダブル・エキストラ・クラシカル）を得ているのは六工場あり、うちの二つが「原名古屋製糸」、「原富岡製糸」と、原合名会社の主力製糸場が名を連ねている。ほかには、前述した三重県の室山製糸や京都の郡是製糸が入っているが、この時期にトップの座についていることは、品質管理が行き届き、アメリカでもブランドとして通用していることを示している。その下の格が「ダブル・エキストラ・A」、さらに「ダブル・エキストラ」、「ベスト・エキストラ」と、細かく格付けされており、生糸といっても、産地、つまり製糸場によって取引される値段がかなり違っていて、いかに名声と信用が大切かがうかがえる。

ちなみに、七年前の一九一二年の調査では、原富岡製糸所の格付けは上から二番目であり、地道な努力の末、七年かけて順位を上げたと見てよいのか、それとも生糸価格同様、変動が激しく、年によってランクが上下する厳しい世界だったと見るのか難しいところだが、原合名の経営のもと、高い評価を得ているのは確かである。

また、生糸の生産量の変化を見ると、原合名会社が富岡製糸場の経営を始めた一九〇二年には二七トンだった生糸生産量は一六年後の一九一八年には一〇五トンと四倍あまりに増えた。品質の向上とともに、生産量も格段に増えたのである。

リヨンとニューヨークに支店設置

こうして富岡での地歩を固めていった原合名会社は、一方で、自ら海外への販路を積極的に切り開きつつあった。生糸の輸出のためにフランス・リヨンとニューヨークに代理店を置き、一九一七年にはどちらも支店に昇格させ、ヨーロッパとアメリカの双方への生糸の輸出に力を入れた。

二〇一四年四月二六日、まさに「富岡製糸場と絹産業遺産群」のイコモスによる世界遺産登録勧告の知らせがもたらされた日から神奈川県立歴史博物館で始まった「絹と鋼—神奈川とフランスの交流史」という特別展には、珍しい大判のポスターが出品されていた。原合名の輸出部（ポスターには、ローマ字で、「HARA YUSHUTSUTEN」と書かれている）がリヨンにある提携企業と連名で発行したもので、生糸や養蚕にまつわるデザインと和風美人を組み合わせたジャポネスク色の強いカラフルで目立つ内容である。中でも、黒々と煙突から煙を出し、遠景に浅間山を従えた富岡製糸場と桑畑を描いた作品は秀逸で、思わず足を止めて見入ってしまったほどである。このポスターには日本語は全く書かれておらず、フランス語のみなので、リヨンの生糸市場や織物会社の店頭などに飾られたことだろう（口絵写真参照）。

第七章でもう一度触れるが、パリやニース、あるいはマルセイユやボルドーといったフランスの都市に比べて日本人には知名度が低いリヨンではあるが、フランスの商業の中心地であり、絹織物では二〇世紀に入るまでヨーロッパ最大の生産地であり市場でもあった。当時の外国為替専門銀行である横浜正金銀行（のちの東京銀行、現在の三菱東京ＵＦＪ銀行）が、フランスで初めての支店をパリではなくリヨンに置いたのもそうした理由からである。

また、生糸の輸出先の主力が明治中期以降アメリカに移ってきたことにより、ニューヨーク支店も重要となった。

「富岡製糸場と絹産業遺産群」の世界遺産登録に向けたストーリーは、富岡製糸場を中心に、養蚕農家、養蚕の教育機関、蚕種の貯蔵施設が連携して一つのシステムとして、世界に輸出する生糸の生産体制を整えたことにある。「製糸業」という二次産業の手前にある、蚕種製造と養蚕という一次産業と連携することにより、群馬県を中心に関東甲信地方にかけて絹産業のネットワークが形成されたわけである。その一方、富岡製糸場で挽かれた生糸は、経営者自らの手により、横浜からヨーロッパやアメリカの支店を経由して、現地の織物工場へと届けられた。

このように、富岡製糸場は、製糸工場を中心に、川上と川下を統合する形で事業を営むことにより、世界的な生糸の生産流通のひとつのモデルとなった。それを成し遂げたのが、三六年間にわたって富岡製糸場を経営した原合名会社なのである。

文化人としての原三溪

原三溪がいかに文化人としての側面が大きかったかは、横浜・本牧の三溪園へ一歩足を踏み入ればたちどころに理解できる。日本でも屈指の和風庭園は、三溪の美意識を凝縮したものだ。見捨てられ打ち捨てられつつあった各地の古建築を私費で園内に移築。そのうちの八棟が国の重要文化財となっている（ほかに三溪の死後に移築された二棟も重要文化財で、園内の重文建造物は一〇棟）。また、彼がパトロンとして面倒を見た日本画家は、下村観山、横山大観、小林古径、前田青邨ら錚々たる顔ぶれで、自分が収集した名画などを三溪園内の自邸に招いて見せたり、談論風発の場を提供したりして彼らの創作活動を支援し続けた。また、三溪自身、絵を描き、漢詩をよみ、茶道を極めた風流人で、三井の益田鈍翁、電力王として名を馳せた松永耳庵（本名、安左エ門）とともに、近代三大茶人とも言われるほどであった。

しかし、その三溪の作品に富岡製糸場は全くといってよいほど登場しない。芸術の側面からのみ三溪にアプローチすると、わが国初の栄えある官営器械製糸工場を所有していたという優越感や驕りのようなものは一切見て取ることはできない。表に名前が出るのを嫌がった三溪の性格の表れかもしれないし、日本古来の美を愛でた三溪にとって、モダンな赤レンガの建物は彼の美意識には響かなかったのかもしれない。

三溪園・臨春閣（横浜市）

しかし、富岡製糸場が普通の製糸工場とは違い、由緒ある工場であることを十分自覚していたと思われるエピソードがある。原合名会社で三溪の私設秘書的な役割を果たしていた鈴木政次の娘にあたる根岸五百子さんによると、三溪は大正時代、明治初期に発刊された錦絵「富岡製糸場工女勉強之図」を復刻して、従業員に配布したという。富岡製糸場の歴史的意義を働き手に知ってもらい、誇りを持ってもらおうという意図があったと推察される。

また、製糸場の経営の継続を断念し、譲渡先を探す際も、「この由緒ある工場を永遠に存置せしむる為、外に委任すべきところなし」という思いから、歴史的に重要な製糸場を大切に

綿絵「富岡製糸場工女勉強之図」
（提供；富岡市・富岡製糸場）

使ってくれそうな企業として、片倉を選んだのも、富岡製糸場の価値を知り抜いていたからであろうと推測できる。ちなみに、『原三溪翁伝』によれば、三溪は一九二〇年三月に片倉製糸紡績株式会社の顧問となっている。譲渡の一八年も前のことであり、同じ製糸業を営む者として、また日本を代表する生糸にかかわる会社を経営する者として、原三溪と片倉製糸の経営者の間には、富岡製糸場を安心して譲れる信頼関係があったのだろう。

三溪は、富岡製糸場を手放した一九三八年の翌年の一九三九年、まるで富岡製糸場の経営の肩の荷を下ろしたかのように七〇歳で三溪園内の自邸で不帰の客となった。また、三溪と深い親交を有した三井物産の創始者益田孝も一九三八年に九〇歳の天寿を全うした。富岡製糸場にとって、第二次大戦直前のこの時期が一つの時代の終焉であったのかもしれない。

◆コラム　『富岡製糸所史』を書いた藤本実也

富岡製糸場の歴史をまとめた通史としてよく知られるのが、一九七七年に富岡市教育委員会によって編まれた『富岡製糸場誌』と、一九四三年に当時富岡製糸場を所有していた片倉製糸紡績株式会社によって発行された『富岡製糸所史』である。後者は非売品で、著者は、農学博士藤本実也となっている。この藤本実也は、一般にはあまり知られていないが、この本でも時々引用している『原三溪翁伝』の著者でもある。さらに、横浜の開港当時のことを知る基礎資料として欠かせない名著『開港と生糸貿易』（一九三九年刊、一九八七年に名著出版から復刻）も、この藤本の著作である。

藤本実也は、一八七五年山口県生まれ。一八九九年農商務省蚕業講習所（現、東京農工大学）を卒業後、横浜生糸検査所に入所し、一貫して生糸の検査技師として仕えた。その間、蚕糸業の歴史の研究に邁進し、『日本蚕糸業史』の第一・二巻を執筆、この部分を京都帝国大学農学部教授会に学位申請し、学位の授与が認められて、農学博士となっている。

『原三溪翁伝』は、戦時中に草稿が書かれたが、発刊されることなく、横浜・山下公園前にあるホテル・ニューグランドの金庫に眠っていた。東京外国語大学の内海孝教授（現、名誉教授）らと原三溪市民研究会の尽力で、草稿完成後六〇年以上を経て日の目を見た画期的な評伝である。この翁伝を藤本は横浜の自宅で一九四三年に書き始め、のちに疎開の必要に迫られてやむなく、三溪の伊豆長岡の別荘、南風村荘で書いたとされている。『原三溪翁伝』と『富岡製糸所史』がほぼ同じ時期に同じ著者によって書かれていることや、その著者が横浜の生糸貿易の草創期について後世の教科書ともなるような詳細な記録を書いていることは、富岡製糸場と原三溪や横浜との結びつきの強さを表しているともいえる。生糸の検査技師という技術者によって書かれた一連の著作は、書かれた時代を反映して、あるいは著者が生糸業界の人であることもあって、富岡製糸場や原三溪への批判的な言辞に乏しい面があるのは否めないものの、製糸業の歴史を遡ろうとする者にとっては、貴重な羅針盤となっている。

藤本実也
（提供；萩原慶子氏）

第4章

軍隊・戦争から見た富岡製糸場

東繭倉庫2階内部（提供；群馬県）

幕末　英仏のさや当て

第一章で、富岡製糸場設立のきっかけとしてイギリス人とフランス人が仲良く馬を並べて養蚕地帯を視察したという事実に触れたが、この両国は幕末から明治初期にいつも協力していたわけではない。イギリスはヴィクトリア女王（在位一八三七〜一九〇一）、フランスはナポレオン三世（在位一八五二〜一八七〇）の治世下にあった両国は各地で植民地をめぐる争いをおこしていたし、アジアへの進出においても、東南アジアや中国での支配権をめぐる争いは熾烈を極めた。中国でのアロー号事件（一八五六〜一八六〇）でともに戦ったイギリスとフランスは上海以外にも各地に租界を作り、清の半植民地化を競い合った。

日本では、一八五八年、両国はともに日本と修好通商条約を結び、横浜の居留地に両国の商館が進出、山手の居留地には英・仏両軍が駐屯した。薩摩は薩英戦争後に、長州は下関戦争後に急速にイギリスに近づく一方、幕府はフランスとの関係を強めた。海軍の力をまざまざと見せつけられた薩長、のちに明治政府を作る両藩が海軍国イギリスに指導を求め、一方、陸軍に強いフランスに幕府が近づいたのも当然かもしれない。

小栗上野介、軍艦補修施設を計画

そんな中、一人の群馬県出身の幕臣がある献策を実現しようとする。幕末、勘定奉行や外国奉行を歴任した小栗上野介《こうづけのすけ》忠順《ただまさ》（一八二七〜一八六八）である。一八六〇年、遣米使節の目付として渡米した小栗は、ワシントンで海軍工廠を見学、彼我の工業力、技術力の差を痛感して帰国した。開

横須賀・ヴェルニー公園に建つ小栗上野介（右）とヴェルニー（左）像

国後海軍力の強化のため、外国から艦船を購入し続けた幕府の中にあって、小栗は中古船を買えばいつか修理が必要になるが、今の日本ではその施設も技術もなく、修理のためだけに船を上海などへ回航せねばならない非効率さを憂い、日本にも艦船の修理施設が必要だと考えた。

一八六二年、勘定奉行となった小栗は、知人を通じてフランス公使レオン・ロッシュと接触、開港した横浜の近くに修理施設よりもさらに一歩進んで造船所を造る計画の指導を仰いだ。当時は、鉄の船を造るにはそこで部品も造らなければならず、造船所はすなわち総合工場でもあった。こうして一八六三年、小栗は幕府に横須賀製鉄所（この場合の製鉄所は、溶鉱炉を備えたいわゆる「製鉄所」ではなく、鉄製の部品を造るという意味）建設案を提出、六五年に第一段階が完成し操業を始めている。富岡製糸場に先立つこと七年、官営の本格的な近代工場の嚆矢である。

横須賀製鉄所跡　現在は、在日米海軍司令部が入る

幕府の崩壊後、横須賀製鉄所は明治政府に引き継がれ、一八七一年、「横須賀造船所」と本来の目的に沿った名前に変更、翌七二年からは海軍省の管轄となり、一九〇三年には、横須賀海軍工廠となる。戦後は米軍が接収し、現在も在日米海軍の司令部が置かれるなど、一五〇年あまりにわたって、日本、そしてのちにはアメリカの海軍の重要な基地としてその地位を保ち続けている。幕末に造られたドライドックはそのまま保存され、現在も米艦船の修理に使われている。フランスの技術で建てた幕末の施設が、廻り廻ってアメリカの軍艦の修理に使われているというのは、歴史の綾の面白さの象徴のような施設である。さて、長々と横須賀製鉄所・造船所を紹介したのは、この施設がなかったら、富岡製糸場の誕生はもっと遅れていたか、あるいはできなかったかもしれないと考えられているからである。

郵 便 は が き

恐縮ですが
切手をお貼
りください

112-0005

東京都文京区
水道二丁目一番一号

勁 草 書 房
愛読者カード係行

(弊社へのご意見・ご要望などお知らせください)

・本カードをお送りいただいた方に「総合図書目録」をお送りいたします。
・HP を開いております。ご利用ください。http://www.keisoshobo.co.jp
・裏面の「書籍注文書」を弊社刊行図書のご注文にご利用ください。ご指定の書店様に至急お送り致します。書店様から入荷のご連絡を差し上げますので、連絡先(ご住所・お電話番号)を明記してください。
・代金引換えの宅配便でお届けする方法もございます。代金は現品と引換えにお支払いください。送料は全国一律100円（ただし書籍代金の合計額（税込）が1,000円以上で無料）になります。別途手数料が一回のご注文につき一律200円かかります(2013 年 7 月改訂)。

愛読者カード

24844-5　C1021

本書名　世界遺産　富岡製糸場

お名前《ふりがな》　　（　　歳）

ご職業

ご住所　〒　　お電話（　　）　―

本書を何でお知りになりましたか

書店店頭（　　書店）／新聞広告（　　新聞）

目録、書評、チラシ、HP、その他（　　）

本書についてご意見・ご感想をお聞かせください。なお、一部をHPをはじめ広告媒体に掲載させていただくことがございます。ご了承ください。

◇書籍注文書◇

最寄りご指定書店			
市　町（区）	（書名）	¥	（　）部
	（書名）	¥	（　）部
書店	（書名）	¥	（　）部
	（書名）	¥	（　）部

※ご記入いただいた個人情報につきましては、弊社からお客様へのご案内以外には使用いたしません。詳しくは弊社HPのプライバシーポリシーをご覧ください。

製鉄所内の施設の設計者に富岡製糸場設計を依頼

渋沢栄一の依頼により、横浜の商館ガイゼンハイマーから製糸場の建設を依頼されたブリュナは、製糸にこそ詳しいものの、建築家ではないので、工場全体の図面を引くことはできなかった。規模を考えれば、和風の建物では無理で、欧米の技術を駆使しなければ到底建てられない。渋沢やブリュナが頼ったのは、小栗が建設を建議した横須賀製鉄所であった。渋沢らは、横浜のフランス領事館の領事を務めるフルーリー・エラールや製鉄所長のレオンス・ヴェルニー（一八三七～一九〇八）らと適任者について話し合い、製鉄所の建物の設計図面を引いた製図工の一人で、開業後も横須賀にとどまっていたオーギュスト・バスチャンに富岡製糸場の設計を依頼することとなった。

エドモンド・オーギュスト・バスチャン（一八三九～一八八八）は、イギリス海峡に面したノルマンディー地方の港町シェルブールの生まれで現地の造船所で働いていた。現在も海軍の造船所があり、周辺の原子力関連施設の搬出・搬入港としても重要な役割を担う町で、年配の日本人には、フランスのミュージカル映画「シェルブールの雨傘」で、その名を知られている。イギリスからニューヨークに向かう処女航海の途中、氷山に衝突して沈んだタイタニック号の最初の寄港地でもあった。

船大工をしていたバスチャンは、横須賀製鉄所の製図工として、製鉄所開業の翌年の一八六六年に来日。増設される建物の製図などを担当していた。富岡製糸場の建設が正式に決まり、ブリュナが明治政府と契約を交わした一八七〇年一〇月の翌月にバスチャンに製糸場の設計が依頼された。なお、横須賀製鉄所は、富岡製糸場に比べても格段に規模が大きく、一八六九年当時の史料を見ると、所長のヴェルニー以下五〇人近いフランス人が様々な技術職として働いていた。シェルブールだけでなく、ブルターニュ地方のブレスト造船所や地中海のトゥーロン造船所など、フランス各地から技術者が集められていた。

バスチャンはそれからわずか五〇日ほどで、繰糸所や東西の置繭所などの壮大な建造物群の設計を成し遂げた。この秘密は、今に残る横須賀製鉄所の建物の写真を見るとよくわかる。富岡製糸場の三棟の巨大な木骨レンガ造と同じ形状の建物が写っているのである。つまり、バスチャンは、横須賀製鉄所で建てたのと同じ形の設計図をそのまま富岡製糸場の主要建築物群に応用、あるいは流用したために、一から設計のアイデアを練ることなく、短期間で設計図を描けたのである。

バスチャンは、ブリュナが製糸器械などの調達のためにフランスに帰国していた間も、日本のスタッフと工場の建設を進めた。一八七二年夏、製糸場の主要な建物の完成を見届けたのち、操業開始を前にフランス本国へ帰国した。しかし、その後も日本に戻り、一八八八年日本で没し、横浜の外人墓地に葬られている。

これらの事実からわかるのは、生糸を挽く当時最新の工場は、徳川幕府が建設を主導した軍事施設の設計をベースに造られた、あたかも軍需工場のような出生の来歴があるということである。

富岡製糸場の通訳の養成も横須賀製鉄所

富岡製糸場と横須賀製鉄所とのかかわりはこれだけではない。

富岡製糸場には当初ブリュナも含め一〇人ほどの外国人指導者、技師、医師などがおり、彼らはほとんど日本語が話せないので、間に入って意思を伝える通訳が必要であった。操業開始当時の富岡製糸場には複数の通訳がいたが、そのうちの一人は、横須賀製鉄所でフランス語を学んだ川島忠之助（一八五三～一九三八）である。

横須賀製鉄所長のヴェルニーは、所内に造船技術を学ぶための学校として「黌舎」を設立した。「黌」は、江戸幕府直轄の教育機関「昌平黌」や熊本の名門高校「済々黌」にその字が使われているように、学校の意味である。ここでは、専門的な工学の授業だけでなく、フランス語も教えられていた。製図工の見習いとして一八六七年に横須賀製鉄所に入所した川島は黌舎でフランス語などを学び、卒業後は海軍への道を目指したが仕事が性に合わず、横浜の居留地にあるフランス人歯科医師ベリゼール・アレキサンドルのもとで、ボーイとして働くことになった。そのさなか、彼の従兄弟でのちに外交官となった中島才吉の仲介で、一八七三年、のちに外相となる陸奥宗光にも口を利いてもらい、富岡製糸場の通訳として採用されたのである。

富岡では、従兄弟の中島の名を名乗っていたようで、通訳だけではなく翻訳の仕事も任されていた。ブリュナが勧業寮に提出した文書に「中島中之助」（ここでは、忠之助も、「中之助」になっている）のサインがあるものが残っている。

川島の富岡勤務は短く、製糸会社の小野組がフランスに支店を設けることになり、その支配人として採用されたため、一年あまりで富岡製糸場を辞めた。しかし、この話は破談になり、ブリュナに紹介されて、彼が務めていた横浜のエシュト・リリアンタール商会、いわゆる「蘭八」で仕事を得、輸出業務と通訳を続けた。また、ヨーロッパに蚕種を売りに行く商人の通訳として世界一周の

鉄水槽

旅に同行するなど見聞を広げ、この間にジュール・ヴェルヌの英語版『八〇日間世界一周』を入手、一八七八年には、この本のフランス語版からの翻訳を出版した。これが本邦初のフランス語の原典から翻訳された文学作品となったことで、川島忠之助は、むしろこの分野で知られている。川島はさらに一八八〇年に設立された横浜正金銀行の初めてのフランスの出先であるリヨン支店の勤務となり、フランスでの見聞を広めている。

鉄水槽に残る戦艦の面影

草創期の富岡製糸場の施設で国指定の重要文化財となっているもののうち、最も造られた時期が遅いのが「鉄水溜」である。現在は、鉄水槽と呼ばれており、繰糸場のすぐ北側にあるが、二〇一四年夏現在、残念ながら通常の見学コースではここまでは入れず、一般の観光客は特別公開の時だけ見学することができる。

製糸の工程では大量の水を必要とする。繭をほぐし、糸の先端を見つけて取り出すためにお湯につける作業が不可欠だからである。さらに繰糸場の動力は蒸気だったため、蒸気を発生させるための水も重要であった。こうした大量の水を貯蔵するために、富岡製糸場にはレンガ製の水槽が備え付けられたが、設置後一年半ほどして水漏れをおこし、使えなくなってしまった。そこで、新たに鉄製の水槽を備えつけることになった。

一八七五年に据え付けられたと考えられている新しい水槽は、鉄板を丸く曲げてリベットで打ちつけた真っ黒で武骨な円柱が、石を積んだ土台の上に乗って宙に浮いているような構造になっている。直径は一四メートル、およそ四〇〇トンの水を貯めることができた。日本に現存する最古の鉄製の構造物と考えられている。まるで船の側面のようなこの鉄板、見た通り、艦船と大きなつながりがある。この章の冒頭で述べた横須賀製鉄所と深いかかわりのある「横浜製造所」で造られているのである。

横浜製造所は、江戸幕府がフランスと提携し、艦船の修理と洋式工業の伝習を目的として、一八六五年九月に「横浜製鉄所」として開業した官営工場で、現在のJR石川町駅前付近にあった。横須賀製鉄所に先立ち緊急に建設され、横須賀製鉄所建設に必要な各種器具や船舶用機械の製造などを担っていて、横須賀製鉄所の分工場のような存在であった。一八六八年には横須賀製鉄所とともに新政府に引き継がれたのち、神奈川裁判所、大蔵省、民部省、工部省と管轄が移り、七二年に海軍省に移管、横浜製造所と名を改めた。その後、石川島造船所（のちの石川島播磨重工業、現在のIHI）へと払い下げられ、最終的には東京・石川島の施設へ吸収された。

製糸場の建物の設計を、今でいう軍需工場ともいえる横須賀製鉄所にいたバスチャンが担っただけでなく、中の施設そのものにも艦船に使われた技術がそのまま活かされているのである。

民営化のきっかけは西南戦争と議会開設

富岡製糸場の操業開始から五年後の一八七七年、明治政府の屋台骨を揺るがす事件が起きた。西郷隆盛が政府を辞した後、鹿児島に戻り、不平士族を率いて、明治政府に反乱した西南戦争である。もともと財政が厳しかった明治政府は、この戦争のために不換紙幣を乱発し、急激なインフレが発生、戦後は大蔵卿の松方正義によるデフレ政策、いわゆる松方財政により政府の財政の緊縮傾向が強まり、官営の模範工場の払い下げが大きな流れとなった。

富岡製糸場は早々と政府に愛想を尽かして野に下った渋沢栄一が深く設立にかかわっていたり、三代、五代の所長となった速水堅曹が民営化への強い思いを持っていたりということもあって、必ずしも払い下げの原因は西南戦争とその後の松方デフレだけではないが、西南戦争が官営事業の民営化への大きな流れを作ったことは間違いない。

民営化を模索していた速水のもうひとつの懸念は、一八九〇年に開設されようとしていた帝国議会である。官営であるということは、予算の立案や執行、あるいは施設の売却など、何をするにも、政府にお伺いをたてなくてはならないということであった。生糸のように海外市場の動向によって損益が極端にぶれるような産業では、情報を得て即決し行動するスピード感が不可欠だが、そのたびに監督官庁の指示を仰いでいては判断も行動も遅れてしまう。まして議会が設立され、予算の審議などにも議決が必要になると、さらにスピードは鈍り、事務も煩雑になる。富岡製糸場の民営化はまさに時代の要請であった。最初の入札が第一回の帝国議会が開かれた翌年の一八九一年だったことは、こうした時代背景を抱えてのことであり、西南戦争はやはり大きなエポックになっていたのである。

日露戦争では野菜の缶詰を陸軍に納入

序章のクロニクルで書いた経営者の変遷をもう一度確認しておきたい。官営から三井への払い下げが一八九三年、三井から原への譲渡が一九〇二年、原合名から片倉への経営変更が一九三八年である。三井の手に渡った翌年が日清戦争の勃発、原の手に渡った翌々年に日露戦争が始まり、片倉の経営に移った一九三八年の前年には盧溝橋事件をきっかけに日中戦争が勃発、さらにその三年後には太平洋戦争が始まっている。

富岡製糸場の経営者が交代する節目は、日本の針路を大きく揺るがし決定づけた戦争の直前だったことがわかる。もちろん、これは偶然ではない。戦争のたびに経済が混乱し、一方で一層の軍備増強が必要になっていく。こうした時代の流れが、富岡製糸場の経営にもさまざまな形で影響を与えたのである。

日清戦争の勝利は、西欧列強の開国への圧力と植民地化への脅威に対抗し、明治維新を成し遂げて、西欧社会の進んだ状況を海外視察や留学によって肌で知った若く有能な人材が根付かせてきた「殖産興業・富国強兵」策が実を結んできつつあったこと、その結果、半植民地化されて弱体化した清に代わって、日本が東アジアの盟主とならんことを国内外に印象づけた〝快挙〟であった。

また、記録としてはほとんど残っていないが、富岡製糸場では、日露戦争の際、繭を乾燥させる蒸気乾燥機を使って、野菜の摂取がしづらい戦地で野菜を手軽に食べられるよう、乾燥野菜を缶詰にして陸軍に納めて戦地へ送られたことが知られている。三井家から原合名へと経営者が変わったものの引き続き津田興二が所長を務めていた時期であった。

第一次大戦を境に生糸価格の乱高下で経営圧迫

日本は直接戦争に巻き込まれなかったものの、一九一四年から一八年までの第一次世界大戦は、日本の経済や生糸の生産にも大きな影響を与えた。

生糸は、原料が蚕の繭という生き物で、天候や病気の発生などに左右されやすく、供給が不安定であることから、需給のバランスが崩れやすく、もともと価格が安定しない産品であった。それに加え、第一次大戦でヨーロッパが戦場となったため、直接戦争に参加しなかった日本は、大戦中、やはり戦場にはならなかったアメリカへの生糸の輸出が一挙に拡大し、空前の好況となった。

ところが、第一次大戦の終結から二年後、ヨーロッパの生産が回復し、余剰生産品の価格が下り始めると、いわゆる戦後恐慌が起き、株価の暴落、そして生糸価格の暴落へとつながった。製糸業は操業短縮を余儀なくされ、当時富岡製糸場を経営していた原合名会社の横浜での最大のライバルであった生糸売込商の茂木商店と、その有力な取引先であり、横浜最大の普通銀行であった第七十四銀行が倒産するなど、生糸売込商や製糸業でも事業を縮小したり、倒産をするところが相次いだ。このとき、第七十四銀行の整理のため中心となって奔走したのが、原三溪である。

一方、この時期に安定した経営を重ね、倒産したり経営不振に陥った製糸工場を買い取って事業を拡大したのが、片倉製糸紡績である。一九二〇年には、長野県の須坂田中製糸所、佐賀県の小城郡是製糸所、徳島県の鴨島製糸所など七か所の製糸所を買収および経営委任、一九二三年には薩摩製糸の四つの製糸所や尾澤組の四製糸所を合併、経営委任で手に入れるなど、この時期に一気に製糸のシェアを拡大、世界最大の製糸会社へと発展する契機となった。のちに富岡製糸場を買い取ることになった片倉製糸紡績の成長の土台は、第一次大戦後の恐慌にあったのである。

第二次大戦下の富岡製糸場

その後、関東大震災による横浜港の壊滅的な打撃、一九二九年の世界恐慌、このころ製品化されて絹織物の代替品となった人造絹糸（アーティフィシャル・シルク）の台頭など、生糸業界にはそのたびに激震が走り、中小企業の淘汰が進んだ。とりわけ、レーヨン、アセテートなどの人絹の登場は、絹のステータスを根底から覆すことになった。ヨーロッパで開発され、当初は粗悪品だった人絹は、日本では一九一五年に山形県の米沢にある米沢人造絹糸製造所で生産が始まった。のちの帝国人造絹糸株式会社、現在の帝人株式会社である。

こうした時代背景と原三溪の老齢による病弱などが重なり、原富岡製糸所は、一九三八年、独立した「株式会社富岡製糸所」となり、実質的には片倉製糸紡績が経営を委任された。

さらに、片倉製糸に統合後、一九四三年には製糸工場も軍事統制下に入り、同年一一月には蚕糸業統制法に基づき、「日本蚕糸製造株式会社」が設立され、富岡製糸場も終戦後この国策会社が解散するまでは、片倉ではなく日本蚕糸製造の傘下に入っていた。ただし、日本蚕糸製造の社長には、片倉工業（一九四三年に片倉製糸紡績から名称変更）の片倉兼太郎が就任したので、経営者が変わったというわけではなかった。

しかし、生糸の最大の輸出先であったアメリカが戦争の相手国となり、対米輸出は完全にストップ。富岡製糸場は閉鎖や軍需工場への転換にまでは至らなかったが、陸軍の空挺部隊のために、パラシュート用として通常の三倍ほどの太さの生糸を作る日々が続いた。当時の絹製のパラシュートは、陸上自衛隊習志野駐屯地（千葉県船橋市）内にある空挺館（戦前皇族が馬術を見るために建てられた御馬見所《ごばけんじょ》）で見ることができる。絹がまさに兵器に転用されたのである。また終戦直前の一九四五年八月五日には、群馬県の県都前橋が大空襲に見舞われたが、B二九の編隊は富岡製糸場を掠めて飛行している。ブリュナ館の地下の食物倉庫は、防空壕の役目を果たしていたことも、当時働いていた工女の証言からわかっている。それでも、無傷で製糸工場であり続けたこと、これも富岡製糸場が今に残ることになった奇跡の一つであった。

戦後復興と生糸輸出の再開

終戦後、重工業が壊滅的な打撃を受けた日本でいち早く立ち上がったのは、繊維産業であった。富岡製糸場も片倉工業の主力工場としてすぐに生糸の生産を再開、朝鮮戦争の特需もあって需要が急増し、最新鋭の繰糸機が導入された。

自動車や機械の生産にオートメーション化の波が本格的に及ぶのは、一九六〇年代以降だが、当時、日本の技術革新の最先端は製糸工場に導入された。富岡製糸場には一九五二年に二四〇台の自動繰糸機が導入されたのを皮切りに、一九六六年にはプリンス自動車工業の自動繰糸機が二〇四台、さらに、のちにプリンスが日産自動車と合併したため、日産製となった最新型繰糸機が一九六八年に導入され、この機械が操業停止の一九八七年まで稼働した。

このように、富岡製糸場の歩みは、その始まりから軍需産業と大きくかかわりながら操業にこぎつけ、その後も節目となる戦争のたびに置かれた状況が大きく変化しながら、その変化を乗り越えて糸を挽き続けた一一五年であった。

終焉期には中国などとの価格競争という経済的な戦争に敗れ、閉鎖を余儀なくされたが、こうした荒波に抗いながら製糸の光を灯し続けたところに、ほかの多くの産業の工場が業態を変え、建物を更新してきた歩みとは違った価値があると考えてよいだろう。平和な時代を迎えたにもかかわらず、ついに操業を終えてしまった富岡製糸場は、この後、産業の歩みを伝える文化財として、どう位置づけられ、どのように生き延びていくのか、改めて今後の道程が注目されているのである。

◆コラム　富岡製糸場で最も生糸の生産が多かったのはいつ？

富岡製糸場が操業を開始してから停止するまでの一一五年間で、最も多く生糸を生産した年は、意外にも閉鎖直前のことであった。一九七四年（昭和四九年）で、三七三・四トンを生産している。このときの繰糸工は、わずか一〇〇人であった。戦前の最高は一九四二年（昭和一七年）で一七七・〇トン、すでに太平洋戦争に突入していた時期で、アメリカへの輸出はゼロ。九一パーセントは国内消費であった。

　これを日本全体の生糸生産量と比較してみると、最も生糸生産が多かったのは、一九三四年（昭和九年）で、およそ四万五千トン。富岡製糸場が最高値を示した一九七四年はおよそ二万トンで、戦前の最盛期の半分となっている。一九七五年には、日本の生糸の輸出はゼロになっているので、富岡製糸場がもっとも生糸を生産した時も、ほとんどが国内消費向けだったことがわかる。

　このように日本全体の生糸生産量と富岡製糸場の生産量のそれぞれピークが異なるのは、一九二九年の大恐慌以降、製糸工場が閉鎖、統合されて、生糸生産を続けた富岡製糸場の比重が高まったからであり、富岡製糸場が最高の生産量を示した時には、すでに多くの製糸工場は閉鎖されていたため、全体の生産量が落ち込んでいたのである。

　大規模な器械製糸工場としては、日本で最初といってよい長い歴史を持つ富岡製糸場は、命を永らえたおかげで、第二次大戦中から戦後、しかもかなり遅い時期まで最盛期といってよい時代を過ごしてきた。そういう意味では、創業から閉鎖時まで、ずっと第一線で日本の絹産業をリードしてきたといっても過言ではなく、そのことも見過ごせない役割であった。単に日本で最初の官営製糸工場というだけではない富岡製糸場の価値がこうしたところにもあるのである。

第5章

皇室から見た富岡製糸場

夜の西繭倉庫

聖徳記念絵画館外観

聖徳記念絵画館に飾られた富岡行啓の様子

東京・青山通り。神宮外苑の入口から、晩秋になると見事な黄色い直線を描く銀杏並木の奥に目を凝らすと、丸いドームを中心にいただいた石造りの建物が小さく見える。一九二六年、大正一五年竣工の聖徳記念絵画館である。明治天皇の生涯の事蹟を描いた絵画を展示するために造られた建物は、二〇一一年、国の重要文化財に指定された。

この絵画館には、縦三メートル、横二・七メートルという大ぶりの絵画が、日本画、洋画それぞれ四〇枚ずつ、計八〇枚時代順に並べられており、幕末から明治時代を時系列で概観するにはきわめて理解しやすい展示となっている。有名画家が描いたものもあり、鏑木清方、前田青邨、藤島武二らの絵を見られるだけでも、かなりレベルの高い美術館という側面もある。この絵画館は、「神宮外苑」に立地している通り、明治天皇とその后である昭憲皇太后（后の名として美子《はるこ》妃）を祀る明治神宮の一施設となっている。

この絵画群には、時代順に番号が振られているが、二八番の日本画には「富岡製糸場行啓」というタイトルが付されている。一八七三年（明治六年）六月、製糸場の開業からわずか八か月後に、昭憲皇太后と英照皇太后（孝明天皇の女御で明治天皇の嫡母）が製糸場内の糸取りの作業をご見学されている様を描いたものである（口絵写真参照）。

絵の作者は、荒井寛方《かんぽう》。一九〇七年の第一回文展から四回連続で入賞するなどの実力を持つ日本画家で、第三章で詳述した原三溪が制作などの支援を行った画家の一人でもある。左右一列ずつで向かい合って一心不乱に器械による製糸作業にいそしむ工女の間を縫って、鮮やかな衣装で蒸気で濛々とした場内を視察する二人の皇太后の姿が正面から描かれている力作である。絵の左手の白い衣装の昭憲皇太后は左大臣一条忠香の三女、右側の緑のお召し物を着た英照皇太后は九条尚忠の娘で、どちらも公家の頂点に立つ五摂家からのお輿入れであり、髪形も貴族風のおすべらかしである。寛方がこの絵を描いたのはすでに昭和に入ってからで、当時の製糸場の内部の様子がわからず困って富岡に出向いたところ、当時働いていた工女が持っていた写真でその詳細がわかり、絵を描くことができたという。

この絵に象徴されるように、富岡製糸場とそこから生み出される生糸は誕生の時から皇室と深くかかわりながら今に至っており、この章では、皇室とのかかわりに絞って話を進めたい。

なお、二〇一四年の春に聖徳記念絵画館を訪れたところ、この「富岡製糸場行啓」だけが他館に貸し出されていて、見ることができなかった。といっても貸し出されたのは、明治神宮内にある明治神宮文化館・宝物展示室で開催された企画展「昭憲皇太后百年祭記念　明治の皇后」のためであり、そちらの最も奥の「一等地」に飾られていた。また、この絵の原寸大の下書きが荒井寛方の郷里の栃木県さくら市に今も残されている。

パリで「蚕―皇室のご養蚕と古代裂，日仏絹の交流」展開催

パリのセーヌ河畔に、緩やかに弧を描くガラス張りの瀟洒な建物がある。パリ日本文化会館。ここで、二〇一四年二月から四月まで、小見出しにあるようなタイトルのシルクに関する展覧会が開かれた。内容は、現在皇室で、具体的には皇后美智子様が行っている養蚕とその生糸が使われた正倉院御物の復元、そして富岡製糸場の創業時に遡る日本とフランスの生糸を巡る様々な交流の足跡である。

現地でこの展覧会を見ることはかなわなかったが、取り寄せた図録を見ると、もちろん解説の多くはフランス語であるが、興味深い画像も多く載せられている。「皇后宮様蚕糸場御遊覧之図」「宮中御養蚕の図」（いずれも、東京農工大学所蔵）や創業時の富岡製糸場を描いた長谷川竹葉の錦絵「上州富岡製糸場の図」、さらに原三溪が富岡製糸場の従業員に配った「富岡製糸場工女勉強之図」（九〇頁参照）などが詳しい解説とともにその美しい彩色で各ページを飾っているのである。富岡製糸場の解説文には、「La construction des installations fut placée sous la responsabilité d'un ingénieur français, Paul Brunat, …（施設の建設責任者はフランス人技師ポール・ブリュナ…）」と、ブリュナの名も書かれている。世界でも最も日本文化に対する受容の懐が深いといわれるフランス人がこの展覧会を観覧し、日本の製糸業の発展にひとりのフランス人がかかわっていたことを知ってどう思うだろうか?などと想像を掻き立てる図録である。

昭憲皇太后と御養蚕

この展覧会では、現在の皇居内での養蚕に焦点が当てられているが、皇室と養蚕のかかわりは深く、富岡製糸場を視察された昭憲皇太后は、富岡製糸場の開業の前年、皇居内で養蚕を始めることとなった。指導をしたのは、絹産業遺産群の構成資産の一つで、第六章で紹介する「田島弥平旧宅」の主、田島弥平（一八二二〜九八）その人である。

田島家が皇室の養蚕とかかわるようになったきっかけは、ここでも渋沢栄一であった。美子后は、生糸が開港後の重要な輸出品となったこともあって、宮中でも養蚕を始めたいと考え、どのようにしたらよいか、知識のある者に聞くようにと明治政府に要請した。官営器械製糸場の担当を誰にするかが議論になった時とほぼ同じ一八七〇年のことである。実家が養蚕農家で、当時の明治政府の高官の中でほとんど唯一養蚕の知識と経験があった渋沢栄一は、製糸場の建設は義兄の尾高惇忠に託したが、宮中養蚕のほうは深谷から目と鼻の先の群馬県佐位郡島村（現、伊勢崎市境島村）で蚕種製造業を営んでいた縁戚の田島弥平に依頼したのである。

つまり、渋沢栄一は、一方で日本に大規模な近代製糸を導入する道筋を明治政府を通してつけ、もう一方で皇室という、明治になって復活した新たな権威にも養蚕に親しむ機会を設けるという、二重の意味での「蚕糸業の振興」の灯の導火線ともいえる役割を担ったのである。

のちに制定された大日本帝国憲法で大きな権限が与えられた天皇のおひざ元で、養蚕が始まった意味は決して小さくない。官営の製糸場建設と合わせて、養蚕・製糸業を国家が全面的に支援していくことの表明であり、それがほぼ同じ時期に、渋沢栄一をキーパーソンとして進み始めたことは、日本の絹産業にとっても大きな船出となったのである。

一八七一年、宮中での最初の養蚕は、弥平が多忙で出仕できなかったため、弥平の本家筋にあたる田島武平（一八三三～一九一〇）へと話が持ち込まれ、彼が選んだ四人の島村の女性が吹上御苑にある養蚕室に出仕して、繭を作るまでの一連の作業を皇后とともに一緒に行った。ここで初めてできた繭は伊勢神宮に献納されている。また、翌一八七二年には、田島弥平が娘の民ら一二人の蚕婦らと宮中へ出仕。群馬県と宮中養蚕の間に太いパイプが敷かれることになった。

時代を遡ると、皇室でも古くから養蚕が行われていたとされ、「雄略天皇は后妃に自ら桑を摘ませ、養蚕を勧めようと思われ、国内の蚕を集めさせた」という『日本書紀』の記述もある。五〇七年に発せられた詔では、農耕と養蚕の重要性から天皇が自ら田を耕して農業の振興を身をもって示し、皇后は養蚕を行うことが述べられている。その実態を示す史料は見つかっていないうえ、その後継続的に御所の中で養蚕が行なわれたわけでもないが、明治になって宮中で養蚕が始まった際、こうした故事を昭憲皇太后が意識しなかったわけではないだろう。ただ、皇太后が皇居での養蚕を始めたころは、儀式めいたことも少なく、とにかく養蚕をしてみたいという強い思いから始められたようである。

富岡製糸場創業直後の皇太后行啓

こうして一八七一年から群馬県在住の人物の指導で宮中での養蚕が始まり、その翌年に同じ群馬県で富岡製糸場が開業した。この二つは早速その翌年、つまり一八七三年に交点ができる。まず、この年の一月、昭憲皇太后のもとに帯の生地が届けられた。富岡製糸場の生糸で織られたもので、ほとんどが海外へと輸出される富岡シルクを試みに国内で織ったところ光沢が素晴らしく、大蔵省を通じて皇太后のもとに届けられたものである。そしてこの五か月後、この章の冒頭で記した昭憲皇太后と英照皇太后の富岡製糸場行啓が実現することになった。

この年も島村の田島家の指導により、昭憲皇太后による養蚕が行われていたが、蚕が順調に育っていた矢先の五月に皇居で火事があり、吹上御所が炎上、蚕室も失われ、この年の皇居での御養蚕は中止となった。行啓はその一か月後というタイミングであった。

一行は六月一九日に宮内大輔の萬里小路《までのこうじ》博房をはじめ宮内省の高官やおつきの女官、騎兵の小隊など一五〇人近い随行者とともに、赤坂仮御所を出られ、大宮、熊谷、新町（現、高崎市新町）に宿泊、折からの雨で橋が流されたので、富岡の手前でさらに一泊を余儀なくされ、二三日にようやく富岡に到着、製糸場に行啓されたのは、翌二四日のことであった。馬車とはいえ片道五日もかけての旅はさぞ大変だったことと推察される。

ブリュナ夫人
（川島忠之助所蔵）

当日は、熊谷県令（現在の知事）の先導で、場長の尾高惇忠の出迎えを受け、まず選繭所、続いて繰糸所に足を運び、一同揃いの衣装の工女の作業をご覧になった。それがこの章の冒頭の荒井寛方の絵に描かれたシーンである。フランス人の指導女性の前では二〇分も足を止めるなどし、その後、ブリュナと拝謁、フランス料理をふるまわれ、ブリュナ夫人のピアノ演奏まで聴かれている。

同じ年の一八七三年三月に信州・松代（現、長野市松代町）から工女として富岡製糸場で働き始めた和田英が、後年当時を振り返って書いた『富岡日記』でも、この行啓の様子は思い出深いできごとだったからか詳細に書かれている。

「いよいよ、当日となりました。場内は実に清潔に掃除いたしてあります。その頃は三〇〇人残らず揃っておりまして、下の台のはずれ東入口の所に繭より（筆者注、選繭作業）をその日限りいたしております。いよいよ正門よりブリュナ、尾高氏ご先導申し上げまして…」と、入場時の様子を描写した後、「その後、釜に仏国人のアルキサンと申す人がその釜の人を脇に寄せてその場に入りまして、糸を繰りますところをご覧に入れました。二〇分くらいその前に両陛下御立ち遊びましてご覧になりました。私はその頃いまだ業も未熟でありましたが、一生懸命に切らさぬように気を付けておりました」と、緊張しながらも晴れがましい気持ちで行啓を迎えたことが生き生きと記されている。

長く語り継がれた行啓

和田英は、恩賜の品をいただいたことも書き留めている。

「程たちまして菊桐の銀箔で御紋章のつきました御扇子を工女一同拝領いたしました。只今に実家のほうに大切にして秘蔵いたしております。」

行啓から一か月ほどして工女は全員恩賜の扇子を賜ったことが喜びを持って受け止められていることも書かれている。同じ扇子ではないと思うが、先述した「明治の皇后」展では、昭憲皇太后が華族女学校（のちの学習院女子中高校）の開校式典に行啓された時に生徒らに下賜された扇子が出品されていた。金箔のきらびやかな扇子で、このような品を工女全員がもらえたことを想像すると、誰もが後世まで大切にしたであろうことが容易にうかがえる。

ちなみに、ブリュナが紅白の縮緬《ちりめん》三疋を賜るなど外国人従事者も縮緬を賜ったことも記録として残されている。生糸を作る製糸工場の責任者や技師に、日本の高級絹織物である縮緬が皇室から下賜されているのである。

この行啓で昭憲皇太后が詠まれた「いと車とくもめぐりて大御代の富をたすくる道ひらけつつ」の歌は、その後長く富岡製糸場に伝えられ続けた。歌の意味は、「糸車が速く回れば回るほど多くの生糸ができあがり、今の明治の御代の産業が興り、我が国は富を増やすことができるのです」というものであり、まさに富岡製糸場の意義をストレートに詠んだ内容だからであろう。

原合名会社時代にも、「毎日就業時間を割きて御歌（明治六年皇太后皇后両陛下行啓の砌《みぎり》皇后陛下御詠歌）及び工場歌の合唱、ラヂヲ体操、及呼吸体操を行ひ、…」とあるので、三〇年以上を経ても詠み継がれているのがわかる。第三章で述べた原三溪が富岡製糸場の従業員に配った「工女勉強之図」には、この「いと車…」の歌が真ん中に大きく書かれている。この歌は、富岡製糸場における大きな精神的支柱になっていったことがしのばれる。実際、原時代に働いた工女は、「いと車…」の歌を節をつけて歌うことができたと言う。

なお、行啓の一行は、帰路、熊谷県幡羅郡玉井村（現、熊谷市）の大規模な蚕種製造施設「元素楼」に立ち寄り、蚕種の製造現場を見学されている。今でこそ、皇室の方々がさまざまな現場に出向かれて見学をしたり、声をかけられたりすることは珍しくないが、当時からすでにこうした行程

東繭倉庫前に建つ行啓記念碑

まで組まれていたことは、皇室の養蚕・製糸への並々ならぬ熱意を感じさせるエピソードと言えそうだ。

また、昭憲皇太后は一九〇八年六月に、東京・西ヶ原にある東京蚕業講習所という国による養蚕・製糸の教育機関へも行啓され、その折、「生糸は御国産中其最も重なるものなれば、一同勉励益斯業の発達を計らむことを望む」との令旨を伝えて学生たちを激励している。講習所は、のちに東京高等蚕糸学校、東京繊維専門学校、東京農工大学繊維学部を経て、現在は東京農工大学工学部となっている。

東繭倉庫前に建つ行啓記念碑建立は一九四三年

富岡製糸場の正門を入った右側には、行幸や行啓を記念した植樹を示す碑がいくつもあるが、この一角で圧倒的な存在感を誇るのが、東繭倉庫のアーチのすぐ斜め前に立ちはだかる巨大な石碑である。一八七三年の昭憲皇太后と英照皇太后の行啓から七〇年が経つことを記念して建てられたものであり、富岡製糸場では、行啓七〇年を祝う式典が盛大に開かれている。撰文は明治から昭和にかけて活躍したジャーナリストで姉が富岡製糸場で働いていた徳富蘇峰、上の部分に書かれた篆額は閑院宮載仁親王によるものである。

この行啓記念碑の建立と同年に刊行された藤本実也による『富岡製糸所史』には、冒頭に完成したばかりの行啓記念碑のくっきりと遠くからでも文字が読める写真と、「富岡製糸所の光栄」と題された行啓の詳細が、かなりの紙数を割いて記述されている。

「殊に草叢繁き僻陬《へきすう》の地、交通不便と駅舎の不完備とを御堪へ遊ばせ給ひ、幾多途中の御困難は上来屢々記し奉るが如く、金枝玉葉の尊き御身を厭はせられて…維新大業の成りて間もなく、国歩多難人身未だ必ずしも静謐なりとも申し難きその際（以下略）」と、当時の行啓がいかに大変で、それゆえにいかにそのエピソードが今に語り伝えられているかを強調している。第二次大戦の戦況の悪化が伝えられ、かろうじてまだ生産ラインが動いていた富岡製糸場にかかわる人々に、今一度、皇室のありがたさを伝え、心を合わせて国に報じるようにと設置された装置が、この記念碑だったであろうことは想像に難くない。開業ほどなく訪れた二人の皇太后の足跡は、七〇年後になってもなお大きな影響力を持ち続けていたのである。


一九〇二年、皇太子（のちの大正天皇）行幸

その後、一八九〇年一〇月には、明治天皇が富岡の近くに来られた折に、東園基愛《ひがしぞのもとなる》侍従を遣わせたことがあったが、男性皇族が富岡製糸場に行幸されたのは、二〇世紀に入ってすぐのことであった。一九〇二年、のちに大正天皇となられる東宮による行幸である。この年は、富岡製糸場の経営が三井家から原合名会社に移った年である。

六月二日、東宮大夫斎藤桃太郎、村木侍従武官らとともに富岡製糸場を訪問された当時の皇太子は、三井の社長三井源右衛門（当時は三井呉服店社長、三井家同族会理事、のちに三井物産社長を歴任）と津田興二所長らの案内で製糸の作業をかなり丁寧にご覧になっている。富岡製糸場の所有が三井から原家に移ったのは、この三か月後である。三井源右衛門にとっては、人生の大きな晴れ舞台であったことだろう。当時の新聞には、「…高崎にて上野《こうづけ》鉄道（筆者注、現上信電鉄）に御乗換へ富岡町なる三井製糸所へ成らせられ十一時半御着。三井源右衛門、高橋義雄両氏の御先導にて繭倉製糸工場御覧、所長津田興二氏説明申上げたり。それより御昼飯を召され、同所製糸幷《ならび》に新町紡績所の製品等の陳列御覧の上、午後二時御立ち四時（前橋の宿舎臨江閣に）御帰館あらせらる。三井家、役員等へ金品御下賜ありたり」（東京朝日新聞明治三五年六月三日一面）とある。高橋義雄とは、三井呉服店の経営改革に力を注いだ理事で、茶人高橋箒庵としても知られた人物である。

その後、皇室の御視察は、一九一四年に梨本宮殿下、一九四三年に閑院宮殿下と続くが、在位中の天皇陛下が富岡製糸場を訪れたのは、第二次大戦後まで待たなくてはならなかった。一九四六年三月二五日、終戦後九か月あまりで「人間宣言」をされた昭和天皇の行幸となったのである。

これは、一九四六年二月から一九五四年までかかって戦後の混乱・復興期に国民を元気づけるために行われた巡幸の一環であるが、神奈川・東京から始まり、最初の地方の巡幸となったのが、群馬県への訪問であり、富岡製糸場は、地方巡幸の実質的な最初の地であったことになる。この時は、ほかに国立高崎病院、群馬県庁、前橋市街などが訪問先に選ばれているが、元は官営とはいえ、地方への巡幸の最初の場所の一つに民間企業である富岡製糸場が入っていることは、あらためて、富岡製糸場の当時の位置づけがうかがえる。

その後も皇室の訪問は間を置きながらも続けられ、一九四八年六月六日に貞明皇太后（大正天皇の皇后）、一九六七年八月一〇日に現在の皇太子殿下（浩宮徳仁親王時、当時七歳）、一九六九年七月三一日に今上天皇・皇后両陛下（皇太子時）、そして一九九九年八月二三日と二〇一一年八月二三日に今上天皇・皇后両陛下が行幸啓された。

これらの行幸・行啓時の写真の一部は、事務所として使われている検査人館の二階の貴賓室に飾られており、一般には非公開の部分ではあるが、今も見ることができる。

2011年天皇皇后行幸啓記念樹の碑

富岡製糸場「帝室所有」の可能性も？

前項で、一八九〇年に侍従が富岡製糸場に遣わされたという記述をしたが、第三・五代富岡製糸所長を務めた速水堅曹のご子孫の速水美智子さんが調べられたところ、この派遣は、勅令で富岡製糸場が帝室つまり皇室の所有にできるかどうかの打ち合わせのために差し向けられたということである。速水堅曹が自ら書いた『六十五年記』には、「十月四日東園侍従富岡製糸所に来る按ずるに勅命を以て侍従を故さらに遣はされたるは注意の在る事ならむと懇切に談じ…」とあり、近くまで行幸に来たついでに立ち寄ったような体裁を取りながら、実は「注意の在ることならむ」、つまり、侍従の来訪には、注意すべき事情があるので、丁寧に応じたと書かれている。

当時、富岡製糸場の民間への払い下げは難航しており、富岡製糸場を管掌する当の農商務大臣（陸奥宗光）までが、自ら富岡製糸場を「厄介者」というくらい引き受け手がなく、処分に困っていた。このままでは、せっかくの由緒ある工場や設備が買い叩かれたり、公売ののちに壊されたり、外国人の手に渡ってしまいかねない、そう心配した当時の政府関係者らが宮内省に働きかけて、東園侍従が訪問することになったのではないかと考えられている。侍従は、この訪問の後、速水が一八七五年に調査した『富岡製糸場現在之景況』などの報告書を天皇に届けており、富岡製糸場の経営に関する資料収集も目的だったようだ。その報告書は現在も宮内庁の『明治天皇御手許書類』に残されていることが速水さんの調査で判明している。速水所長もなかなか決まらない払い下げの行方に気を揉んできており、帝室へという話には期待を抱いていたことだろう。

東園侍従の富岡派遣の半月後には、徳大寺実則侍従長が速水を訪ね、天皇のお言葉を伝えており、政府関係者が富岡製糸場の帝室所有に尽力をしたことが明らかになっている。しかし、最終的には、何らかの理由でこの目論見は断たれ、同年一〇月末に政府は閣議で製糸場の公売処分を決定、翌年の最初の入札へとつながっていく。「官営富岡製糸場」がもしかしたら「富岡帝室製糸場」になったかもしれない、そんな歴史秘話がご子孫の地道な調査で明らかになってきた。詳しくは、『速水堅曹資料集―富岡製糸所長とその前後記―』（文生書院、二〇一四年六月刊行）を参照されたい。

最後の養蚕の砦

明治の御代から始まった宮中の養蚕は、大正、昭和と引き継がれてきた。一九一四年には、皇居の一番高いところにある紅葉山に新たに御養蚕所が造られた。このあと述べる世界遺産「富岡製糸場と絹産業遺産群」の構成物件の一つ、「田島弥平旧宅」の流れを汲む、屋根に換気の櫓を乗せた専用の蚕室である。「富岡製糸場と絹産業遺産群」が世界遺産に登録された二〇一四年は、この紅葉山御養蚕所建造からちょうど一〇〇年にあたる。

現皇后陛下の美智子様は、皇后になられた翌年の一九九〇年に養蚕を引き継がれた。小学生時代に戦時下の疎開先として過ごされた群馬県で蚕を飼われた思い出があり、きわめて熱心に養蚕に取り組まれ続けていることはよく知られている。一九九九年の誕生日に記者会から「公務以外で取り組まれていることは？」という質問に対し、「約二か月間にわたる紅葉山での養蚕も、私の生活の中で大切な時間を占めています」とご回答されている。

平成に入ってからの皇居での養蚕の指導役は、田島弥平・武平以来の伝統からか、最大の養蚕県だからか、群馬県の養蚕の専門家が指名されており、日中交雑種の白繭、欧中交雑種の黄繭、野生種の天蚕、そして日本古来からの品種である小石丸の飼育を行っている。この小石丸は、糸が細く収穫量も少ないため、国内ではほとんど飼育されていない幻の蚕で、宮中でもやめる方向だったものを、皇后陛下が「もう少し飼ってみましょう」と仰られて細々と飼育が続けられてきた。そこに、正倉院の御物の復元作業をしていた宮内庁から照会があり、この小石丸の糸でないと染織裂は復元できないことがわかり、飼育頭数を増やして、小石丸の収量を上げることになった。その後、正倉院御物だけではなく、鎌倉時代の絵巻の名品「春日権現験記絵《げんきえ》」の修理事業にも使われるなど、皇居内の養蚕が文化財修復に重要な役割を果たすことになった。

皇后陛下が作られる生糸（皇居で作られた繭は、群馬県安中市にある碓氷製糸農業協同組合で、生糸に挽かれる）は、白羽二重となって宮中儀式や祭祀に使われるのをはじめ、外国元首の配偶者への贈答品として利用されるなど、皇室外交を通した国際交流の一端を担っている。富岡製糸場が播いた、あるいはかかわった群馬の養蚕・製糸業は、皇居で行われる養蚕の飼育品種の選定から作業全般の指導、製糸の工程まで、広くかかわり続けており、その原点は、やはり昭憲皇太后の行啓にあったと言えるだろう。

「国家を支える女性」としての記号

冒頭に記した聖徳記念絵画館の絵を見ていくと、明治天皇にかかわる絵と昭憲皇太后が描かれた絵には、大きな違いがあることが分かってくる。天皇を描いた絵には、「習志野之原演習行幸」「陸海軍大演習御統監」など軍事的な題材が多いのに比べ、皇太后を描いた絵は、「華族女学校行啓」「東京慈恵医院行啓」「赤十字社総会行啓」など、女子教育機関や病院、慈善施設などの題材がほとんどである。家庭に入って妻として母として家事をしながら夫を支え子育てをする女性だけでなく、高等教育を受けたり、看護婦など職業婦人として国家に貢献する、そんな女性像を理想化する雰囲気が感じられる。中でも、六一番の「広島予備病院行啓」の絵は、一八九五年三月、昭憲皇太后が広島陸軍予備病院に日清戦争の傷病兵を見舞った様子を描いたもので、「銃後の女性の役割」がくっきりと浮かび上がる絵でもある。

一方、皇居では養蚕が皇后の役割として定着したのと同時に、稲作が天皇陛下の役割へと固定され、どちらも「田植えの儀」や「御養蚕始の儀」などのような儀式が恒常化されてきた。米は江戸時代に大名の格を「加賀百万石」など米の石高で表し、農民の年貢も米で納めたように近世には貨幣と同様の役割を担い、絹も律令時代の租庸調という税の一部が絹で納められたように、高価で貴重であるがゆえに貨幣的な使われ方がされてきた。貨幣は国家が信用を引き受け管理するものであることから、米と絹が今も皇居で二大農業として継承されていることは、その両者が国家にとっていかに重要な産業であるかを示す名残りとなっている。

このように、女性の皇族が絹の生産を実際に行ったり、生産の現場に出かけ、結果として従事している人を励まし、さらに力を入れる契機となるような「行啓」を行ったりすることで、生糸生産の国家的な役割、しかもそれを女性が担うという役割分担が明確になった点は、民間に払い下げられたにせよ、富岡製糸場が、あるいは広く戦前における製糸業という産業が背負わされた国家的宿命であったことにつながっている。

現在、風前の灯となっている日本の養蚕・製糸業の現状の中で、今も皇居で養蚕が連綿と行われていることは、産業としては消えてもシンボルとしては残り続ける意義につながるのか、それとも「富岡製糸場と絹産業遺産群」が世界的なお墨付きを得たことで、皇室の文化伝承のシンボリックな役割が肩代りされたとみるべきなのか、富岡製糸場の創業とほぼ時を同じくして始まった近代御親蚕の果たした役割は、あらためて製糸に背負わされた宿命と絡めて検証されるべきであろう。

◆コラム　「大日本蚕糸会」と皇室の関係

戦前の日本の正式国名としてよく使われたのが「大日本帝国」であった。現在も「大日本印刷」「大日本塗料」といった企業名にちょっと時代がかった「大日本」という呼称が冠せられているが、団体名にもこの「大日本」を冠する組織がまだ残っている。例えば、水産業の生産者、加工業者、流通小売業者などで構成される業界団体として一八八二年に設立された一般社団法人「大日本水産会」のようなところである。

実は、日常のニュースなどで目にする機会は少ないが、絹産業の分野でもこの名前を冠した業界団体がある。一般財団法人「大日本蚕糸会」である。現在も存続しており、東京・有楽町の蚕糸会館に本部が、新宿区には蚕糸科学研究所が、茨城県阿見町には蚕業技術研究所があり、それぞれ業務を行っている。

設立は一八九二年。一九〇五年には社団法人となって伏見宮貞愛親王が初代総裁となった。その後も、閑院宮親王、梨本宮親王、貞明皇后、高松宮親王と皇族が代々総裁を務め、一九八一年からは今上天皇の弟宮にあたる常陸宮正仁親王が務められている。

もちろん、総裁は名誉職であり、こうした歴史ある団体では皇族が総裁や名誉総裁を務めているケースは珍しくないが、現在も蚕糸業の保護・啓蒙のために研究活動も含め、広範な事業を行っているこの会の役割と歴史を考えると、皇族を総裁に戴き存続していることの重みが伝わってくる。「貞明皇后記念蚕糸学術賞・技術賞」の表彰も戦後ずっと行っており、一九五五年には、富岡製糸場の所有者である片倉工業が自動繰糸機の研究で受賞するなど、蚕糸業の発展への貢献者を顕彰する事業を現在も継続している。

また、この章の冒頭で紹介した聖徳記念絵画館の「富岡製糸場行啓」の絵は、寄贈者として大日本蚕糸会の名前が記してあり、この会が（おそらく原三溪を通じて）荒井寛方に絵筆を揮うよう依頼していただろうと推測できる。

第6章

「絹産業遺産群」から見た富岡製糸場

女工館から見た東繭倉庫

畑の中に建つ島村のキリスト教会

埼玉県深谷市と群馬県伊勢崎市境《さかい》島村（二〇〇四年まで佐波郡境町島村）の境界上に小ぢんまりとした教会と保育園がある。教会は、日本基督教団島村教会。保育園は付属の島村めぐみ保育園である。保育園の本館は群馬県に所在するが、狭い道路を挟んだ反対側にある保育園の別館の所在地は埼玉県になっている。つまりこの狭い道路が県境になっているのである。教会と保育園の本館・別館の三棟は、いずれも国の登録有形文化財となっており、特に教会は一八九七年に造られた下見板張りの瀟洒な建物である。見渡す限り畑が広がる小さな村に、どうして明治時代中期の教会があるのか、その答えは、富岡製糸場とともに世界遺産に登録された「絹産業遺産群」の一つ、伊勢崎市境島村の「田島弥平旧宅」にある。

日本基督教団島村教会（群馬県伊勢崎市）

この島村は、「島村」という地名ではなく、一八八九年の市町村制施行の際、群馬県佐位郡島村として独立した自治体になっているように、「島」が地名で、それに村がついて「島村」と呼び慣わされるようになった。「島」の地名の由来は、この地がかつては暴れ川だった利根川の流路のたびたびの変更により、川の中にできた島に集落ができたからである。島村が、群馬県にあるにもかかわらず、利根川の南岸にあるのは、かつてはこの地が利根川の北岸にあったことを示している。

ちなみに、渋沢栄一の出身地、深谷市の血洗島は、島村のすぐに南隣の集落で、こちらにも「島」がついているので、かつては、島のように川に挟まれていたのかもしれない。

島村は江戸時代末期から蚕種製造が盛んになり、一時は地区の農家のほぼ全世帯が蚕種製造に携わった時期もあった。そして島村の人々は、ここで蚕種を作って地元で業者に売るだけではなく、横浜まで出向いて蚕種の売り込みを図ったり、はてはイタリアまで自分たちで足を運んで直接蚕種を売り込んだ時期まであった。そんな進取の気性たっぷりの島村でも、最も深く養蚕や蚕種製造にかかわったのが、田島弥平である。

この章では、この田島弥平旧宅をはじめ、今回、富岡製糸場と同時に世界遺産に登録された群馬県内の絹産業遺産を通して見える富岡製糸場を描いていきたい。

近代養蚕農家の原型、田島弥平旧宅

群馬県には、すでに養蚕はやめてしまったもののその名残を残す養蚕仕様の農家が無数といってよいほどある。その見分け方は、ざっくりいえば、屋根の上に換気のために開け閉めできる窓がついていれば、それはほぼ一〇〇パーセント、養蚕のための農家だと言える。その「近代養蚕農家」の原点ともいうべき家が、島村にある田島弥平旧宅である。

富岡製糸場は初期の官営時代、職業訓練校的な役割が大きかったことに触れたが、田島家も普通の養蚕農家ではなく、養蚕の指南本を書き、その技術を多くの人に教え普及させた「養蚕学校」の要素が大きな家だった。

田島弥平の父、弥兵衛も養蚕法の改良に力を注ぐ一方、当時政情が不安だった江戸から避難した儒者を受け入れ、彼らを講師に迎え私塾を開いた。その講義を聞きに来た者の中に、渋沢栄一や尾高惇忠らも含まれていた。

島村は、流れを変えながら暴れる利根川に囲まれて氾濫が繰り返されたため、通常の作物は育てにくく、桑の栽培が中心となってきた。江戸末期からは蚕の卵である蚕種の製造に特化し、良質の蚕種を生産する地域として知られるようになった。田島弥平家はこの地の名主を務める大きな家で、江戸末期に通風を重視し、室内の温度を涼しくして蚕を飼う「清涼育」を編み出し、それを書物にまとめて普及させる一方、自宅の主屋兼蚕室に、屋根の端から端までつながる長い通風用の越屋根を作って、

田島弥平旧宅主屋兼蚕室（提供；群馬県）

自宅の仕様そのものを清涼育に適したものに改めた。現在も残るこの旧宅の主屋兼蚕室は一八六三年に建造されたものである。また、広い敷地には、桑の葉を貯蔵した「桑場」や蚕種保管の「種蔵」などの明治時代の建物も残されており、往時の蚕種製造農家の様子がよくわかる。ただし、主屋と並ぶ形で建てられた専用の蚕室は失われている。

この家の造りが島村や近在の農村だけでなく、この家に飼育法を習いに来た遠方の伝習生により各地に伝わり、群馬県だけでなく、東日本の各地にこうした越屋根がついた農家建築が広まった。

田島弥平旧宅全景（提供；群馬県）

その意味では、富岡製糸場が製糸の発信基地だったとすれば、田島弥平家は、養蚕、特に大規模に蚕を飼う蚕種農家の発信基地としての役割を果たしたことになる。弥平は島村の仲間と一八七九年から三年間、蚕種を直接販売するためイタリアに渡り、西欧の飼育法や文化を持ち帰った。島村に明治時代に建てられたキリスト教会が残っているのは、彼らが持ち帰った西洋文化の名残である。

「旧宅」とはいえ、現在も弥平の子孫が住まわれている個人所有の民家だが、同じ島村地区に見学者用の案内所ができ、見学客はここで弥平が著した養蚕指南書『養蚕新論』の版木やイタリアに蚕種を直輸出をした際に弥平が持ち帰った顕微鏡などの展示を見ることができる。

富岡製糸場が原合名会社の時代になると、島村、とりわけ田島家は蚕の優良品種の開発と普及で富岡製糸場と密接にかかわるようになった。原合名会社が欧州から取り寄せた品種や交配した一代雑種の試験飼育が田島家に依頼されており、富岡製糸場の蚕種改良に大きな役割を果たしている。

富岡製糸場と同時に世界遺産に登録された三件の遺産

さて、今回世界遺産に登録されたのが、「富岡製糸場」だけではなく、「絹産業遺産群」も含めた登録であったことに違和感を感じられた方もいたかもしれない。その「遺産群」とは具体的には、群馬県の富岡以外の地域にある三件だが、そのうち二件は、どう見ても見た目は地味な養蚕農家、もう一件は長野県境の山中にある単なる石積みの跡で、富岡製糸場の機能美にあふれた存在感に比べると、世界遺産というには一見あまりにみすぼらしく見える物件だからである。世界遺産は「富岡製糸場」だけで良いのでは？　と思うほうが自然ではないか、そんな風にも思える。

これには世界遺産の〝流行〟にまつわる背景がある。

二〇〇〇年代初頭、ユネスコの世界遺産登録に際して、「シリアル・ノミネーション」という考え方が反映された物件が多く登録された。これは文化的、あるいは地質学的に離れた地域であっても連続性のある資産をひとまとめに世界遺産に登録しようとすることで、世界遺産の関係者の間では一種のブームにもなった。単独では世界遺産の価値には至らないものでも、複数の遺産を組み合わせたりまとめたりすることで、世界遺産としての顕著な普遍的価値を持たせて登録にこぎつけたという事例も出てきた。

例えば二〇〇八年に登録された「ヴォーバンの要塞群」は、フランスの天才軍事建築家、セバスティアン・ヴォーバン（一六三三～一七〇七）が築城したフランスの全土に散らばる一二か所の要

世界遺産「ヴォーバンの要塞群」の一つモン・ルイの要塞（フランス）

塞が一群で一件の世界遺産となっているし、二〇〇五年に登録された「シュトルーヴェの測地弧」は、ノルウェーからウクライナまでの一〇か国にまたがる広大なエリアに、地球の大きさを測るために天文学者のフリードリヒ・シュトルーヴェ（一七九三〜一八六四）が三角測量をした痕跡が広がる世界遺産である。

こうした流れを受けて、日本でも「平泉」（岩手県、二〇一一年登録）の登録の際には著名な中尊寺金色堂のほか八件の構成資産で登録を申請した。また、富岡製糸場の世界遺産登録運動の過程でも、群馬県が県内の各市町村に絹産業に関連する遺産の申請を要請、富岡製糸場以外の九件を絹産業遺産群として組み込んで、合わせて一〇件の構成資産で、世界遺産の予備軍ともいえる「世界遺産暫定一覧表」に記載されることになった。

ところが、二〇〇七〜八年ごろから風向きが変わり始める。二〇〇八年の世界遺産委員会で登録の可否を審議された「平泉」は、九件の構成資産が必ずしもコンセプトである「浄土思想」を表していないとして登録延期、また東京・上野の国立西洋美術館本館をはじめ、世界六か国にまたがる二三件の資産で登録を申請した「ル・コルビュジェの建築と都市計画」も、二〇〇九年には登録が見送られ、一九件に資産を絞った二〇一一年の審議でも、登録延期となった。関連する遺産を寄せ集めて世界遺産へという流れは、登録物件のすべてが普遍的価値を示すストーリーに厳密に沿っていなければ、登録には至らないという状況に変わってしまったのである。「平泉」を抱える岩手県は、結局、資産を絞り込んで再度三年後に挑戦、その際も、地元ではぜひ登録したかった「柳之御所遺跡」だけははずされて、なんとか残りの資産で、ようやく世界遺産の登録にこぎつけている。

この事態に対し、群馬県の対応は早かった。暫定一覧表に記載された一〇件の構成資産は、「群馬県にある絹産業に関する遺産」というだけで、時代もストーリーもばらばらだったのだが、富岡製糸場とともに、世界の絹産業の技術革新につながったというストーリーに沿うものだけを厳選、富岡製糸場以外の九つの構成資産のうち、七件をはずし、新たに一件を加えた計四件で世界遺産登録を目指すことに方針を変更したのである。世界遺産を目指そうと一度は各自治体に声をかけて決めた資産を候補から落とすことは、地元からの反発を受ける覚悟がなければできない決断である。

こうして選ばれた三件が「高山社跡」(当初の一〇の構成資産の際には、「高山社発祥の地」という名称であった)、「荒船風穴」、そして新たに加わった「田島弥平旧宅」であったのだ。結果として、今回、ユネスコの諮問機関であるイコモスから厳しい注文もなく世界遺産に登録された理由の一つは、シリアル・ノミネーションの〝流行〟が終わったことをいち早く察知して、構成資産を練り直した群馬県の戦略の賜物であろう。

日本中から生徒が集まった高山社

構成資産の二つめ、「高山社跡」は、養蚕の教育機関「高山社」の発祥の地に建つ養蚕農家である。

高山社跡　主屋兼蚕室

高山社は、一八八三年、群馬県緑野《みどの》郡高山村（現、藤岡市）の高山長五郎（一八三〇～一八八六）が、田島弥平が考案した「清涼育」と、従来から寒冷時に室内を暖めて温度管理をする「温暖育」という飼育法を組み合わせた「清温育」を確立、その翌年にこの飼育法を広めるために設立された養蚕専門の教育機関である。正式な名称は「養蚕改良高山社」と言った。今回登録されたのは、その高山長五郎の実家であり、高山はその実家に清温育にふさわしい主屋兼蚕室などを造った。高山社は、その三年後の一八八七年に、隣の藤岡町（現在の藤岡市）の中心部に本部を移し、校舎や実習施設を整備した。一九〇一年には、「甲種高山社蚕業学校」と名を変え、一九二七年に閉鎖されるまで、国内はもちろん、中国、朝鮮、台湾からも生徒を受け入れ、五〇〇〇人を超える卒業生を輩出、そのうちのおよそ四割は群馬県外からの生徒であった。

高山社跡　主屋２階の蚕室

高山社蚕業学校全景
（提供；藤岡市教育委員会）

「甲種」とは、旧制中学卒業と兵役免除の資格を与える学校のことで、当時、養蚕の専門学校が各地に設立されつつあったが、「甲種」に認定された養蚕学校は全国でもここだけであった。実業学校でも、当時のエリートしか入れなかった旧制中学と同じ資格が得られたことは、いかにこの学校の教育のレベル、生徒のレベルが高かったかを示している。

　また、高山社は本部のほかに、高山社で清温育を習得した〝生徒〟の家、つまり養蚕農家を「分教場」に指定、そこで近在の農家に最新の養蚕技術を教えるという仕組みを作った。つまり、高山社は、養蚕における「師範学校」のような役割を果たしていたのである。世界遺産に登録された高山社跡は、藤岡の中心部に校舎や実習施設が移った後も、分教場の一つとして活動を続けていた。藤岡市内には、この高山家の実家のほかにも、分教場として使われた、越屋根をいくつも乗せた大型の養蚕農家が残されており、こうした目立たない施設も、「高山社跡」の関連遺産として、世界遺産となった高山長五郎の生家とともに、守られていくべき遺産であろう。

高山社と富岡製糸場

「甲種高山社蚕業学校」と名乗るようになった一九〇一年の翌年、富岡製糸場は、原合名会社の経営へと移った。第三章で述べたように、原富岡製糸所は、良質の繭の確保のために、蚕の品種改良と農家の養蚕指導へと乗り出していく。しかし、原合名会社はもともと生糸の売込商であり、養蚕そのもののノウハウを持っているわけではない。そこで、富岡製糸場はわずか二〇キロほどしか離れていない高山社とタッグを組み、養蚕のノウハウを契約農家に伝える作戦に乗り出した。富岡製糸場の蚕糸改良部が開発した新品種の飼育方法を、高山社が協力して近郷の農家に定着させていったのである。

このように、富岡製糸場自身がかつては職業訓練校的な存在であっただけでなく、田島弥平旧宅は全国から養蚕方法を学ぶために住み込みで多くの農家や士族が訪れるという意味で、一種の「学校」の役割を果たしていたし、高山社は学校そのものである。群馬県に来れば、製糸の技術と養蚕の技術を学ぶことができる、そして両者の交流により、新たな蚕の品種が開発され、その飼育法も養蚕学校のノウハウによってすぐに確立され、広がっていく。蚕糸業の先進地としての群馬県の地の利により、富岡製糸場の求心力と合わさって、日本の養蚕・製糸技術が高められていき、生糸の増産と質の向上に役立つ。そして、その生糸がアメリカなどに輸出され、かの地の織物工場で絹の服やストッキングに変身する。こうした相乗効果により、富岡製糸場を中心とした日本の絹産業遺産群は、世界の生糸産業、絹織物産業の発展に貢献したのである。

高山長五郎の後を継いで、高山社蚕業学校の校長となった町田菊次郎（一八五〇～一九一七）は、一九一〇年「生繭共同販売組合」を設立し、富岡製糸場と契約を結んだ。生産した生繭をすべて富岡製糸場に販売する、独占販売の契約である。組合員にとっては、大手製糸会社による安定した買い入れが保証されるため、収入が安定するメリットがあり、富岡製糸場にとっては、高山社による指導が行き届いた高品質の繭の入荷が見込めるというメリットがある契約だった。

競進社模範蚕室（埼玉県本庄市）

こうした農家はそれまでは組合製糸に入って、座繰をした生糸を共同出荷していたが、大正期に入ると、器械製糸の有利さが明らかになり、品質にムラが出がちな座繰製糸は、いくら共同出荷をしても、輸出用としては高くは売れなくなっていた。座繰に時間をかけるよりも、養蚕に専念し、高品質の繭をブランド力のある原合名の富岡製糸場に買ってもらったほうが安定すると農家は判断したのであろう。
高山長五郎には、己之介という弟がいたが、現在の埼玉県本庄市児玉町の木村家に婿入りし、木村家の跡取りとなって、九蔵と名を改めた。それ以降、養蚕法の改良に没頭し、火力で保温・防湿して病気を抑える飼育法を確立、「一派温暖育」と名づけて世に発表した。また、この飼育法を教えるために伝習所を作って多くの生徒にこの方法を伝えた。「養蚕改良競進社」と名づけられたこ

荒船風穴

の施設は、神流川を挟んで、全国にその名をとどろかせた高山社養蚕学校と対をなす形で、新たな養蚕法の全国への普及に貢献した。九蔵が一八九四年に伝習所内に建てた模範蚕室は今も残されており、越屋根が四つ連なる美しい外観と、一派温暖育を実践するための理想的な内部の仕組みを見学することができる。

次第に明らかになる「荒船風穴」と富岡製糸場とのかかわり

富岡製糸場の建物の中でも、最もインパクトのある建物は、入口の正面に見える東繭倉庫である。心臓部である繰糸場にも負けないほどの立派な倉庫が、しかも東西あわせて二棟も建てられたのは、当時は養蚕は年に一回しかできず、一年分の繭を保管しておくためであった。蚕の卵は、自然の状態では一定の温度に達すると休眠状態から目覚めて、幼虫、つまり蚕へと孵化する。その温度は摂氏二五度前後と言われている。実際には温度だけではなく湿度や光の要素もあり、蚕の卵を孵化させるために、一定の温度、湿度、光線の状態に管理することを「催青《さいせい》」と呼ぶ。孵化の直前に卵が青みを帯びてくるからである。

このように温度を自由にコントロールできれば、春だけでなく、それ以外の季節でも蚕を孵化させ養蚕を行うことができる。そのためには、卵が孵化しないよう低温で貯蔵しておく必要がある。明治時代、まだ電気を使った冷蔵装置、つまり冷蔵庫は存在しなかったため、冷風が出て低温で貯蔵できる風穴が天然の冷蔵庫として利用されるようになった。当初は主に信州で発達した風穴は、次第に各地に広まったが、養蚕の盛んな群馬県でも風穴を利用して蚕種の保存が行われるようになった。

その中でも、わが国最大級の風穴が、今回世界遺産に登録された「荒船風穴」である。富岡製糸場の西、上信電鉄の終点である下仁田から国道二五四号線を信州・佐久方面へと進み、間もなく県境という地点から側道に入ってさらに一〇分ほど車で山道を分け入ったところに、荒船風穴はある。標高九〇〇メートルの地点にあるので、風穴がなくても、下界に比べると夏でもかなり涼しいという地の利もあった。

世界遺産登録が近づき、以前は駐車場すらなかったこのあたりにも、乗用車が駐車できるスペースが設けられ、標識も整備、休日にはボランティアガイドも常駐するようになった。山の背後には一八八七年に開設された日本で最初の洋式牧場である神津《こうづ》牧場が広がり、その先はもう長野県である。

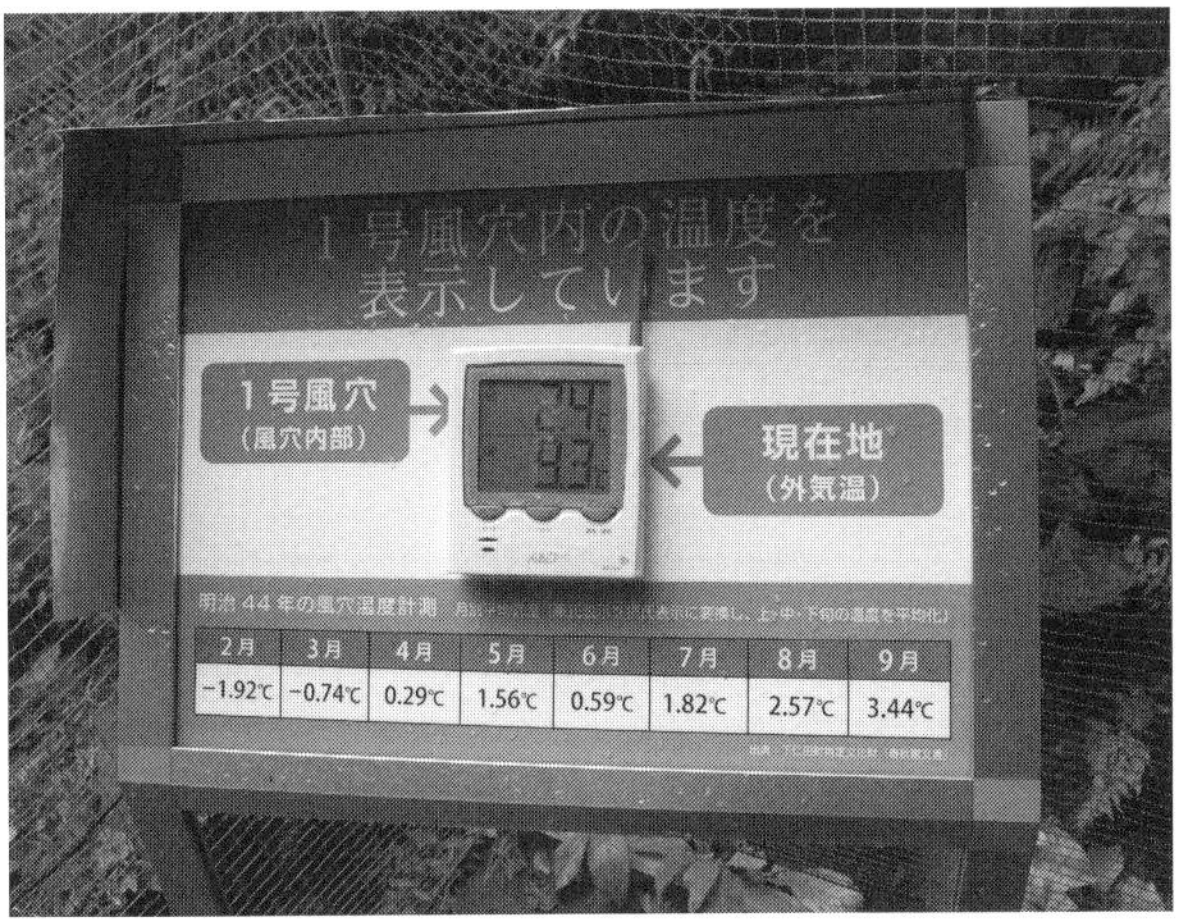

荒船風穴の温度表示

風穴と高山社と富岡製糸場

この風穴を蚕種保存に利用しようとしたのは、荒船風穴の近くに住み、高山社蚕業学校で養蚕について学んでいた庭屋千壽であった。自宅近くの山中に冷気が噴き出す場所を見つけ、蚕種の保存に利用できないかとひらめいたのである。この風穴の冷気の吹き出し口には温度計が置かれていて、冷気の温度を実際に目で確かめることができるようになった。私が最近出向いたのは一〇月下旬の秋真っ盛りの頃だったが、吹き出す冷気の温度は二・四度で、冷蔵庫の標準的な温度よりも低かった。

吹き出してくる冷気を石積みの壁で囲い、その上を土蔵造りの建物で覆い、蚕種を保存する事業に乗り出したのは、千壽の養父である庭屋静太郎であった。一九〇五年から一九一四年までの九年あまりをかけて石積みを増やし、一号から三号までの風穴を整備をした。二号風穴の設計には、高山社の二代目社長町田菊次郎がかかわっている。

荒船風穴で貯蔵可能な蚕種は一一〇万枚。蚕種は蚕種紙、あるいは蚕卵紙と呼ばれる厚手の紙に直接蚕が卵を産み付けたもので、一枚の蚕種紙にほぼ二万個の卵が産みつけられている。最盛期には全国の蚕種業者から、保存の要請が殺到した。蚕種保存の依頼が確認できていない都道府県は全国で七県だけで、遠くは朝鮮半島からの依頼があったという記録も、受付台帳には残されている。

富岡製糸場でも、その頃力を入れていた蚕種の改良のため、蚕種の風穴での保存を荒船風穴に依頼していたことが受付台帳などから読み取ることができる。

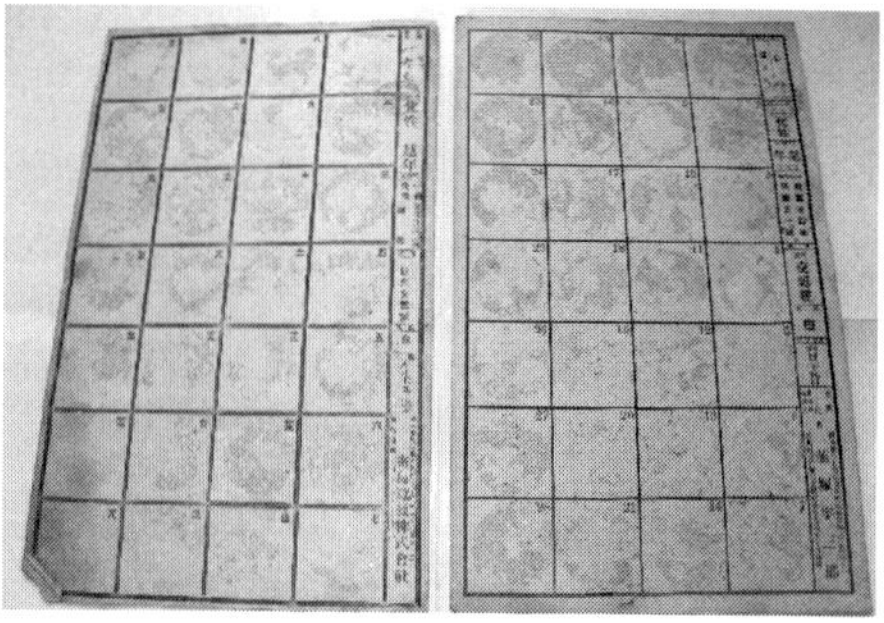

蚕種紙

庭屋の自宅は、風穴の運営事務所として「春秋館」と名づけられ、貯蔵部、製造部、委託販売部を設置、風穴の管理棟までの七キロの間を当時まだ珍しかった私設の電話で結び、注文が入ると電話で連絡して、蚕種紙を事務所まで運んだ。また、静太郎は、春秋館を高山社蚕業学校の分教場として近郷の養蚕指導の拠点とし、ここで学んだ卒業生を春秋館の社員に採用するなど、高山社と一体となった運営を行っていたこともわかってきた。春秋館には、荒船風穴の概要や地図が書かれた「春秋館営業案内」、蚕種を預けた人の名前や地域を記した「イロハ順芳名簿」など一〇八一点の文書が残されており、現在は地元の下仁田町が管理している。名簿には、全国の蚕種製造業者や製糸会社の名が記されている。

このように、より良い蚕の品種を求めて改良に取り組んでいた富岡製糸場と、養蚕指導で地域と深く結びついていた高山社、そして国内随一の規模で蚕種の保存に力を入れ、年に何度も好みの時期に養蚕ができる体制を整えるのに不可欠な風穴を運営した春秋館は、それぞれが協力し合いながら、富岡製糸場の黄金期を築いていった。

富岡製糸場だけを世界遺産にするのではなく、こうした関連の施設まで含めた遺産群の登録を目指したのは、遺産同士の連携やネットワークが、日本の養蚕・製糸の技術をさらに高め、世界に冠たる絹産業王国の土台を強固なものにしていったことがわかってきたからである。

富岡製糸場と「組合製糸」

世界遺産への登録が決まってしまうと、登録された物件にだけ光が当たり、それ以外の同等の価値がある遺産についてはほとんど顧みられなくなるという現象が日本ではよく起きている。沖縄県の世界遺産「琉球王国のグスク及び関連遺産群」でも、登録された今帰仁《なきじん》城跡や座喜味城跡では施設の整備も進み、観光客もコンスタントに訪れているが、登録されないながらも琉球の歴史の上で重要なグスク、例えば浦添城跡のようなところでは、訪れる人も少なく、登録された遺跡との格差が生じている。

群馬県にも、今回登録された富岡製糸場を含む四件の登録物件のほかに、絹産業の歴史を語るうえで欠かせない資産が少なくないが、琉球王国のグスク同様、今後格差が広がっていく可能性は高いであろう。

群馬県では、世界遺産への推薦に漏れた絹遺産についても、「ぐんま絹遺産」と称してリストアップして、観光パンフレットなどにも掲載し紹介しているが、そんな中で、富岡製糸場とのかかわりにおいて、触れておく必要がある遺産がある。安中市にある「碓氷《うすい》社本社」である。

富岡製糸場をめぐってよく言われる疑問の一つに、なぜ群馬県では富岡製糸場のような器械製糸の工場が周辺に広がらなかったのか？　というものがある。座繰と呼ばれる江戸時代以来の旧来の製糸法が定着していた群馬県では、近郷の養蚕農家は座繰製糸を続けて器械製糸への転換はあまり進まなかった。しかし、農家が個々に座繰で糸を挽いていては品質にムラができて海外には輸出できない。そこで、群馬県の西部では、農家が組合を結成し共同で揚返を行い、品質を高めて出荷する「組合製糸」と呼ばれる仕組みが広まった。これを従来の座繰製糸と区別して、「改良座繰」と呼ぶこともある。

中でも、甘楽《かんら》社、下仁田社、碓氷社の三社は近郷だけでなく、県境を越えて、長野や埼玉などの農家も組織して出荷体制を整え、器械製糸に負けない名声を得るようになった。そのうち、碓氷郡磯部村（現、安中市）に一八七八年に設立された碓氷座繰精糸社は、のちの碓氷社となり、一九〇五年に建設された、外観は和風ながら洋風の構造を持つ豪壮な本社事務所の建物が現在も保存されている。前述の三社は「南三社」と呼ばれ、官営模範工場の伝統を受け継ぐ日本で最も有名な器械製糸場が操業する同じ地域で、その名声に伍して良質な生糸を生産し続けたのである。

『横浜市史』によれば、一九〇一年、富岡製糸場が三井家から原合名に移る前年の荷主別の横浜への生糸入荷量を見ると、二位に碓氷社、三位に甘楽社、五位に下仁田社が入るなど、上位を独占、富岡製糸場は二〇位で、数量も南三社の一〇分の一に過ぎなかった。

三井時代までは、横浜での南三社の存在感は、富岡製糸場を大きく上回っていたのである。

◆コラム　キーファクトリーであり続けた富岡製糸場

原合名会社の経営時代、大久保所長のもとで、繭の品評会、しかも群馬県内にとどまらず近隣の府県の農家も参加するほどの大規模な品評会がしばしば富岡製糸場で行われている。これは、優良な繭を産出した養蚕家を表彰することにより、富岡製糸場に良質の繭を出荷してもらう仕組みづくりにつながるという戦略のもとに行われたものであろう。一九一一年夏の品評会では、群馬県内の農家が一〇〇人近く表彰されているほか、東京府で一〇人、埼玉県でも九人が表彰されている。その中には、高山社養蚕学校の分教場を委託された人の名前もあり、富岡製糸場と高山社がすでに事業提携していることがうかがえる。また同年秋にも品評会が開かれており、ここでは当時の高山社の社長と「兄弟」会社である競進社の社長の二人に感謝状が贈られている。この品評会には、群馬・埼玉県の両知事も招かれており、両県の養蚕業界にとっては、きわめて大きな行事であったことがわかる。

一方、片倉に譲渡されてからのことだが、『片倉工業株式会社三十年誌』を見ると、戦後すぐの一九四八年から五〇年、つまり三十年誌の発刊直前まで毎年、富岡製糸場で片倉工業の全製糸工場の「繰糸」技術のコンテストが行われていることがわかる。第二次大戦で閉鎖されたり、他業種への転換が進んで工場数はかなり減っていたとはいえ、片倉に譲渡されて一〇年足らずの富岡製糸場がすでに会社を代表する製糸工場の地位を占めていることを示すイベントである。片倉工業が操業停止後も莫大な維持費を富岡製糸場に投入して守り続けた背景には、富岡製糸場は片倉にとっても特別な工場であり続けたことが大きかったのであろう。

第7章

海外から見た富岡製糸場

女工館の外観

初期のころから価値を見出されていた「産業遺産」

富岡製糸場が〝日本〟遺産ではなく、〝世界〟遺産となったことは、日本における近代の養蚕・製糸業が世界史的な文脈の中で捉え直される貴重な機会となった。この章では、世界遺産という視点から見た富岡製糸場と、富岡製糸場と海外のかかわりについて見ていこうと思う。

二〇一四年の世界遺産登録から遡ること一〇年、群馬県が富岡製糸場の世界遺産登録の活動を始めたころ、地元の住民で、それが実現すると信じる人はほとんど皆無と言ってよかった。閉鎖された古びた工場、独特の繭のにおいが染みついた時代遅れのお荷物、町の中心を占める無駄な土地。そんなイメージのあった富岡製糸場が、ペルーのマチュピチュやインドのタージ・マハルなど、世界の誰もが知っていて行ってみたいと憧れる世界遺産なんかになれるはずがない、何を夢のようなことを言っているのか。それが大方の富岡市民の、あるいは群馬県民の率直な感情であった。

富岡製糸場が史跡や重要文化財に指定され、世界遺産暫定一覧表への記載が決まり、推薦書がユネスコに提出されて、そんな雰囲気も一気に変わったが、その変化を支えたもう一つの要素が、世界遺産の日本における認知、とりわけ、メディアなどを通じて、世界遺産には、豪華で知名度の高いものばかりではなく、富岡製糸場のような地味な産業遺産なども仲間入りができるということが知られるようになったことが大きい。また、群馬県には、「富岡製糸場と絹産業遺産群」の周知・広報・啓発活動を担ったボランティア組織、「富岡製糸場世界遺産伝道師協会」が二〇〇四年に設立され、県内外で地道な活動を継続的に行ってきたことも高く評価されるべきであろう。

世界遺産が初めて登録されたのは一九七八年で、地球上の一二の物件が栄えある「最初の世界遺

ヴィエリチカ岩塩鉱　坑道への入口（ポーランド）

産」となった。その一二件は、当然有名どころばかりだと思われるかもしれないが、中には地味で世界的な知名度は低いといってよい産業遺産も含まれていた。ポーランドにある「ヴィエリチカ岩塩坑」（現在の登録名は、二〇一三年に変更となり「ヴィエリチカとボフニアの岩塩坑」）である。

日本では、塩は海水から作るものというイメージが強いが、海外では岩塩から精製する割合が高く、近代以前は塩は高価で、岩塩坑の開発や経営は重要な資金源であった。ヴィエリチカは中世ポーランド王国が繁栄を極めた、その財源を支えた岩塩坑であり、ヴィエリチカに近い当時の首都クラクフには、壮麗な王宮や教会がその財力を支えに建てられた。一九七八年に登録された初めての世界遺産一二件に、このヴィエリチカとクラクフ歴史地区が含まれていることは、ユネスコはその草創期のころから、見た目の豪華さや世界的な知名度ではなく、その国の産業を支えた遺構にきちんと価値を見出していたことを示している。

五〇を超える「世界遺産の産業遺産」

「産業遺産」という言葉は、次第に市民権を得てきているが、狭義と広義、二通りの定義がある。狭義には、産業革命以降の鉱工業の発展を示す施設や遺構で、具体的には主にヨーロッパの各地にある工場や製鉄所、炭鉱などの遺構がそれにあたる。一方、「産業」という言葉を正確に捉えれば、第一次産業も第三次産業もあるので、農業や流通にかかわる遺産も産業遺産といってよく、これが広義の産業遺産である。

世界遺産の中で、歴史的に最も古いといってよい広義の産業遺産が「ラス・メドゥラス」(一九九七年登録)である。スペイン北部にある砂金の採掘跡で、ローマ帝国の最盛期、紀元一世紀にはすでに大規模な金鉱として知られ、ローマ帝国の土木技術を駆使して、砂金の採取が行われていた。

また、中世からの豊かなワイン産地のいくつかがヨーロッパでは世界遺産に登録されており、こうした農業景観も広義の産業遺産かつ世界遺産の要件を満たしていると言える。「ワイン醸造」という産業は、「ブドウ畑で栽培されたワイン用のブドウを収穫」するという農業(第一次産業)と、「発酵、熟成させてワインという製品を造る」という食品業・醸造業(第二次産業)を合わせたような複合産業だが、これは桑を栽培して蚕を飼い繭を生産して(第一次産業)、その繭から生糸を作る(第二次産業)養蚕・製糸業＝絹産業と仕組みが非常に似ている。

例えば、ハンガリーの「トカイワイン産地の文化的・歴史的景観」(二〇〇二年登録)では、緩や

トカイワイン産地の文化的・歴史的景観（ハンガリー）

かな丘陵地に広がるブドウ畑、その麓に点在するブドウ農家の納屋、ワイン醸造で栄えたトカイの村落、その中にある醸造所といった、ワインを生産するシステム全体に価値があるとして世界遺産に登録されている。もしこれを養蚕・製糸に当てはめると、傾斜地に広がる桑畑、点在する養蚕農家、農家から集めた繭を生糸にする製糸場や共同揚返場といった施設が一群で世界遺産に登録されるというイメージになる。「富岡製糸場と絹産業遺産群」の構成資産を見ると、蚕種を貯蔵する風穴や養蚕農家である田島弥平旧宅は第一次産業に、富岡製糸場は第二次産業に、高山社跡は、教育施設ということで第三次産業に分類されるだろう。いずれにしても農産品から製品を作る過程が世界遺産に登録されるという仕組みがすでに、このトカイワインの生産地だけでなく、フランスのワイン生産地として名高いボルドー近郊の「サン・テミリオン地区」（一九九九年登録）やスイスのレマン湖を見下ろす北岸の丘陵地にローマ時代以来の歴史あるワイン生産地が広がる「ラヴォー地区のブドウ畑」(二〇〇七年登録)といった著名なワイン生産地で世界遺産に登録されていることは、絹産業のシステムにも十分世界遺産的価値があることを物語っていると言えるだろう。

「地場工業」まるごとの世界遺産

絹産業遺産は、日本が明治後期から五〇年以上にわたって、世界一の生糸生産の国であったことを示す貴重な痕跡であるが、このようにある地域で栄えた地場産業、しかも富岡製糸場同様、工業の隆盛を示す世界遺産が、比較的最近の二〇〇九年に誕生している。正式な遺産名は少し長く、「ラ-ショー-ド-フォン/ル-ロクル、時計製造の町」。スイスの北西部、フランスとの国境をなすジュラ山脈の麓にある二つの街、ラ-ショー-ド-フォンとル-ロクルの街並み全体が世界遺産に登録されている。どちらも一七世紀から現在まで、時計製造に特化して栄えてきた街で、市の中心部の建物は、東西の通りに沿って南側に大きく窓をとって整然と並んでいる。時計製造は細かい部品を繊細な技術で組み立てていく作業で、一日中明るい光が差し込む必要があるため、建物は皆、南側を向いているのである。富岡製糸場の繰糸場が東西に細長く建てられ、一日中、南北の窓から入る日光で糸を挽いたのと全く同じ仕組みである。

高級時計メーカーのジラール・ペルゴ、タグ・ホイヤーなどが本社をラ-ショー-ド-フォンに置き、複雑時計の専門工房として知られるルノー・エ・パピがル-ロクルに工房を置いているように、現在もスイスにおける時計産業の中心であり、世界的なメーカーや工房が集中している〝現

キュー王立植物園　テンペレート・ハウス

役〟であるところも、世界遺産登録の際には高く評価された。世界最大の時計博物館もラ－ショー－ド－フォンにあり、「時計といえばスイス」ということが街全体のシステムとして見られる野外博物館的な要素は、最近の世界遺産の登録の嗜好を示しているようで、「絹産業遺産群」の世界遺産登録と通底するところがある。

一見、風変わりな産業遺産

この施設を産業遺産と呼んでもよいのかどうか議論が分かれそうなのが、ロンドン近郊にある「キュー王立植物園」（二〇〇三年登録）である。

この施設には、富岡製糸場（と絹産業遺産群）との共通性が何点も見られる。まず、富岡製糸場が「官営」で、植物園が「王立」であること。ともに国家の庇護で成立した施設である。

また、キュー王立植物園にも、一九世紀に建設された大建築が残されている。一八四八年に造られたパーム・ハウスと呼ばれる大温室と一八九九年に竣工したテンペレート・ハウスという世界最大の温室である。パーム・ハウスは長さ一一〇メートルと富岡製糸場の東西繭倉庫とほぼ同じ長さを持ち、大量生産が可能になった鉄骨とガラスで造られている。木材とレンガで造られた富岡製糸場とは材料は全く違うが、それぞれの場所での最先端の工法を使った点も似ている。また、海外から珍しい植物や、プランテーション農業に使うために茶やゴムの木などを原産地から取り寄せて栽培し、植民地に植えて産業を興したところなども、蚕種をあちこちから求め、品種改良して新たな蚕を作ろうとした日本の当時の養蚕業とオーバーラップする部分がある。王室の厚い保護という点も、皇室での御養蚕を連想させる。

また、世界最大規模の植物園であることから、研究者も多く集まるため、内部に研究所や園芸学校が併設されているところも、第五章で述べたように、職業学校的要素の濃かった富岡製糸場やずばり養蚕のための学校であった高山社とよく似ている。単に規模の大きな植物園だからということではなく、その施設がその国やあるいは海外の次代の人々に影響を与えたことに対する評価が世界遺産につながっていることを考えると、富岡製糸場の価値と重なる部分も見えてくる。

類似の「一九世紀の紡績工場」がある産業革命発祥の国イギリス

キュー王立植物園を産業遺産と位置づけるかどうかは意見が分かれる点もあるかと思うが、イギリスに紛うことなき産業遺産、「産業革命発祥の国」としての正統派産業遺産が集中していることには誰も異論を挟まないだろう。イギリスのグレートブリテン島と周囲の島にある世界遺産二四件のうち、キュー王立植物園を除いても何と六件が狭義の産業遺産である。日本より百年以上も早く世界に先駆けて産業革命の火を灯したイギリスの産業遺産は、「富岡製糸場と絹産業遺産群」の価値を考えるためには格好の比較対象となっている。

イギリスの産業革命の産声がどこで上がったのかを特定するのは見方によっていろいろあるが、素材の革命にその原点を求めるならば、近代製鉄の発祥の地と言える「アイアンブリッジ峡谷」（一九八六年登録）は、その筆頭といってよいだろう。石炭を高温で乾留（蒸し焼き）したコークスを用いて、銑鉄の大量生産を可能にした近代溶鉱炉は、この峡谷にあるコールブルックデール製鉄所で誕生した。一八世紀初頭のことである。

コールブルックデール製鉄所（世界初の近代溶鉱炉）

富岡製糸場が日本の近代の産業の扉を開けた理由の一つは、丈夫で大量生産が可能な金属の器械が導入されたことだが、一九世紀から二〇世紀にかけてその基幹ともいえる素材となったのが鉄鋼であり、近代製鉄の幕開けを演出したコールブルックデール製鉄所が世界に果たした役割は、今見てもきわめて大きい。

紡績工場の産業革命

イギリスの産業革命の舞台となったのは主に綿紡績の工場

マッソン・ミル内の博物館の内部

世界遺産「ダーウェント峡谷」のロゴ

であり、織機を動かすのに使われた動力は、「水」であった。アイアンブリッジ峡谷と並ぶイギリスの代表的な〝産業峡谷〟、「ダーウェント峡谷」（二〇〇一年登録）では、南北に水量豊かに流れるダーウェント川の両岸四五キロにわたって多くの紡績工場が造られた。水車の力で動かす水力紡績機の発明者として知られるリチャード・アークライトは、このダーウェント峡谷に、水力紡績機による二つの記念すべき工場を造った。これにより、糸に強い撚りがかけられるようになって品質が向上するとともに、製造コストも大幅に下げることができた。クロムウェル・ミルとマッソン・ミルは、ともに創業時の姿をよく残したまま、操業停止後も産業博物館として一般に公開されている。

　壁に大きく、「一七六九年設立　リチャード・

ダービー・シルクミル

アークライト卿&カンパニー」と誇らしげに書かれたマッソン・ミル（口絵写真参照）では、当時は高価だった色の濃い赤レンガの工場が保存されており、内部には操業停止時、あるいはそれ以前の機械が展示され、決まった時間に機械を動かすデモンストレーションも行われている。富岡製糸場よりも一世紀ほど前に、繊維業の分野で動力化、大量生産化が始まったことをこれらの産業遺産は示している。一〇〇年かかって極東の小国にたどり着いた繊維産業による産業革命の聖地は、「より楽にたくさん作る」という人間の欲望のひとつの結実がこの地で生まれたことを静かに物語っている。

ダーウェント峡谷には、ほかにもその後の時代に建てられた紡績工場を数多く見ることができるが、唯一つ製糸工場も残されている。峡谷の南端にあり、また峡谷沿いでは一番大きな町であるダービーにある、ダービー・シルクミル（製糸工場）

である。

この工場は、一七一七年、日本でいえば享保二年、徳川八代将軍吉宗の時代に建てられたロウムズ・ミルがその起源である。イギリスで初めての水力式の製糸工場で、やはりダーウェント川のほとりに位置している。イギリス人ジョン・ロウムがイタリアのピエモンテ州を訪れ、そこで製糸工場を見て学んだ知識をもとに、この地に製糸工場を建てたものである。現在残っているのはその一部で、四階建ての赤レンガ造りの工場の端にアクセントとなる塔屋がついた美しいスタイルの工場である。

劣悪な環境からの改善

一八世紀末から一九世紀はじめにかけて、産業革命が進んだイギリスの工場労働者や炭鉱労働者の環境は劣悪だった。児童労働や長時間労働、あるいは粉塵などによる健康障害や危険と隣り合わせの安全軽視の経営者の姿勢などにより労働環境は大きな社会問題となっていた。そんな中で、福利厚生の整備や職場環境の改善などに力を注ぐ企業経営者が現れ、そうした遺構が今に残る工場や企業の周囲にできた生活の場などが、一九九〇年代から二〇〇〇年代初頭にかけて相次いで世界遺産に登録された。こうした工場や町の構成資産の中には、富岡製糸場の福利厚生施策に共通する部分もあり、富岡製糸場の価値を考えるうえでも興味深い。

スコットランド最大の工業都市であるグラスゴーから車で南東へ一時間ほどのところに、二〇〇一年に世界遺産に登録された「ニューラナーク」がある。

世界遺産「ニューラナーク」の工場の一部

川沿いに紡績工場が立ち並ぶニューラナークでは、社会改革家として知られるロバート・オーウェン（一七七一～一八五八）が、所有者の娘と結婚したことにより共同経営者となり、児童労働の禁止や工場内の幼稚園、生活物資の共同購入施設の設置などの先進的な取り組みを行った。オーウェン自身の自宅や施設の入った工場がほぼそのままの形で残されていることが評価されて、世界遺産に登録されたものである。共同購入施設は、その後、ＣＯ－ＯＰ（コープ）、つまり生活協同組合に発展し、その制度は世界へと広まった。また、オーウェンはのちに工場法の制定にも力を尽くしている。

現在、ニューラナークでは、最新のライド型の展示施設や紡績工場の機械を稼働させるデモンストレーション、幼稚園の様子を一部再現した展示など見学客にこの施設の価値を説明するための仕組みがよく整えられているほか、かつての工場の一部をホテルやユースホステルに転用して、一定の観光客を受け入れる体制を整えている。序章で述べた、富岡製糸場内に創業直後に造られた首長館（ブリュナ館）は、ブリュナが帰国した後は、工女たちの教育施設として、裁縫や料理などの実業科目を教える夜間学校などに転用され、片倉工業が操業を終了するまで、従業員教育に利用され続けた。建物そのものの建築学的価値だけではなく、建物が工場の中でこのように使われてきたことも、ニューラナークに世界遺産としての価値が与えられたのと同様、富岡製糸場の持つ価値の一つであろう。

極東に花開いた産業革命の遺産の意義

以上簡単に見てきたように、一方で産業革命とは無縁に、長い時間をかけて同じような営みを繰り返してきたことで、その景観やシステムが世界遺産に登録されたワイン産地のような世界遺産もあれば、産業革命の舞台となった、教科書に出てくるような記念碑的なイギリスの世界遺産もあれば、一九世紀から二〇世紀にかけてその産業革命を受けて、近現代に大きな足跡を残した、例えばドイツの代表的な製鉄所である「フェルクリンゲン製鉄所」（一九九四年登録）やドイツのデザイン運動バウハウスの初期の作品である「アルフェルトのファグス靴工場」（二〇一一年登録）など、実に多彩な産業遺産がすでに世界遺産に登録されていることがわかる。

こうした中、「富岡製糸場と絹産業遺産群」は、欧米列強がアジアへの最後の進出先としてたどり着いた日本で、たまたま蚕の病気で重要な産業である絹織物業の原料の生糸が確保できないという状況の中で、伝統的な家内工業として育まれた養蚕と座繰の製糸の技術の土台に花開いた、極東の産業革命の最初の一輪の花であるといえよう。

イタリアやフランスで日本からはるばるやってくる生糸を心待ちにしていた織物業者が大勢いたこと、彼らがより良い品質の生糸を欲していた時、たまたま生糸の商いで横浜を訪れていたフランス人技術者が、その知識と技術を惜しげもなく伝えて、官営の模範製糸場が造られ、技術革新が広がって、世界の生糸需要を満たしたことが、海外から絹産業遺産の位置づけを見る際の最も重要な視点であろう。

リヨンの街並み

富岡を生んだ町、リヨン（フランス）

これまで拙著では、リヨンという町の名を何度も登場させた。ポール・ブリュナが製糸の技術を実地で学んだのも、彼が働いていたエシュト・リリアンタール商会の本社の所在地も、富岡製糸場で生産された生糸が初期の頃多く輸出されたのも、リヨンであった。また、富岡製糸場で通訳をしていたことを紹介した川島忠之助も、のちに横浜正金銀行のリヨン支店で働いている。原合名会社も三井物産も、リヨンに支店を置いていた。

フランス南東部、ローヌ川とソーヌ川という二つの大河が合流する地に、ローマ帝国のガリア属州の植民都市として建設されたリヨンは、交通の要衝という地の利を生かして、近世まで交易都

横浜にあるリヨン銘板

市として繁栄した。一五世紀にはルイ一一世が、また一六世紀にはフランソワ一世がイタリアの製糸や織物職人を定住させたことから、リヨンは次第に絹織物の街として名声を高めることになる。絶対王政の絶頂期に太陽王として君臨したルイ一四世治世下で重商主義（貿易により金や貨幣を蓄積して国を富ませる政策）を唱えたコルベールは一七世紀半ばにリヨンに絹織物の工場を設け、リヨンはヨーロッパの製糸・絹織物生産の中心地となった。ルイ一四世が莫大な富を注ぎ込んで建設したヴェルサイユ宮殿（一九七九年世界遺産登録）の内装に使われた華麗な織物の多くは、リヨンで制作された絹織物であった。

また、穴を開けた厚紙（パンチカード）で織物のデザインを制御する画期的な「ジャカード織機」が発明されたのもこのリヨンの街であった。ジョセフ・マリー・ジャカール（一七五二～一八三四）が発明し、のちにパンチカードがコンピュータの入力方式にまで影響を及ぼしたこの自動織機は、明治以降、西陣や桐生などの絹織物の工場にも多く普及し、織機のスタンダードの一つにもなっている。

リヨンの歴史地区は、一九九八年に世界遺産に登録された。旧市街のはずれに、クロワ・ルースと呼ばれる一角があり、一九世紀には何千という絹織物の工房が集中していた。絹製品を他の業者にデザインを盗まれないようこっそり運ぶために、迷路のような小道が縦横に張り巡らされた独特の景観は、織物の街ならではの歴史を映し出している。一九世紀後半、このリヨンの絹工房を支えたのは、富岡などから横浜に運ばれ、スエズ運河開通前は喜望峰経由でロンドンを経て、また開通後はマルセイユから運ばれた日本の生糸であった。横浜市の姉妹都市の一つにリヨンが選ばれているのも、この絹の交流によるものであり、横浜港の大桟橋のすぐ近くにある横浜開港資料館前の広場に埋め込まれているリヨン市の市章と横浜からの距離を示す九九〇八・八キロメートルという数字は、横浜を介して、富岡とリヨンが一万キロの距離を超えて強く結びついていることの証左である。

上海というライバル

これまで、この本では、東アジアで日本だけが近代製糸を導入したような書きぶりをしたが、実はそうではない。日本の開港は一八五九年だが、中国では、香港が一八四二年、南京条約によりイギリスに割譲、さらには同年上海などが開港し、多くの欧米の商社などが進出、日本よりも早くヨーロッパの技術を導入した器械製糸工場が設立された。

例えば、横浜の外国人居留地の一番地に店を構え、「イギリス一番館」と呼ばれたジャーディン・マセソン商会は、すでに一八六〇年前後に上海の租界に製糸場を建てている。しかし、日本における富岡製糸場のように技術移転の拠点の役割を果たす工場にはならず、近代製糸が周辺に広がるには至らなかった。ジャーディン・マセソン商会の代表者であるウィッタルは、一八七〇年ごろ、藩営製糸場を経営していた前橋藩に対し、上海製糸場を買い取らせようとしたことがあるとされている。経営が行き詰まっていたからである。

ヨーロッパでの微粒子病の流行で生糸の供給が激減したため、当然中国も生糸の重要な輸出拠点になりえたはずだが、中国の製糸業の近代化が各地に広がるのは、一九世紀も末になってからであり、その頃には日本の各地でヨーロッパの技術を日本の風土や特性に合わせて改良した器械製糸が広がり、品質の向上と生産量の拡大がすでに実現していた。

清では、開港が半植民地化の状態で行われたため、造られた工場も日本のようには定着しなかったし、技術移転も行われなかったことや、明治という新しい時代に国の独立と強靭化を欠かせぬ使命としてやり遂げようとした人材の厚みの違いなどが両国の差につながったと考えられる。このように、世界遺産「富岡製糸場」は、「上海製糸場」であったとしてもおかしくなかったかもしれないと考えると、日本のこの地に理想的な形で産業革命の成果が移植されたことの意義がひときわ強く感じられる。

ブリュナ、バスチャンが活躍した町、上海

実際、富岡製糸場の設立に深くかかわったポール・ブリュナとオーギュスト・バスチャンは、ともにその後上海に移り、ブリュナのほうは製糸関連の仕事に携わっている。

ブリュナは日本を離れてしばらくして、上海にあったアメリカのラッセル商会に招かれて器械製

かつて租界のあった上海・外灘《わいたん》

糸場を設立、さらに四年後、富岡製糸場よりも規模の大きな八〇〇人繰りの器械製糸場を建設した。さらに一八九二年には、上海で自らの名を冠した商社を設立、生糸の取り扱いを含む貿易商としても活躍した。彼は、フランス租界の市参事会代表にもなり、上海のフランス人社会を代表する人物にまで上り詰めた。こうした上海での活躍を国家が認め、一九〇〇年にはレジオン・ドヌール勲章（ナポレオン・ボナパルトが制定したフランスの最高の勲章）を受章、彼が上海滞在中に造成した道路は、一九〇六年上海を去るにあたって、ポール・ブリュナ通りと名づけられている。

一方のバスチャンは、一八七二年、富岡製糸場の建物の完成を待って、いったん横須賀に戻った後、同年、フランスに帰国しているが、二年後には再び横浜に戻り、工部省営繕寮に雇われ、建築の仕事に従事した。さらに一八八四年、上海に渡り、フランス租界の工部局で工事監督員をしたとされている。四年後の一八八八年に日本に戻った直後に死去、横浜山手の外人墓地に葬られた。彼の墓碑銘には、上海在留フランス人参事会、つまりブリュナが代表を務めた団体の名が刻まれている。

富岡製糸場の建設に欠かせなかった二人のフランス人は、その後のある時期、上海で再び何らかの接点があったのである。

上海では一九世紀末に相次いで大型の製糸場が建設されている。また、上海からそう遠くない古都で、どちらも市域に世界遺産を抱える蘇州と杭州はともに絹の名産地で、どちらにもシルク（絲綢）の博物館がある。富岡製糸場の世界遺産登録の現地調査を行ったイコモス（国際記念物遺跡会議）の調査委員を務めたのは、杭州にある国立シルク博物館の館長であった。さらに、杭州には中国近代史上初の養蚕の専門学校である「杭州蚕学館」が設立され、日本人教師による授業が行われていた。日本で富岡製糸場の設立後、急速に広がった近代製糸の波は、本来日本よりも先に達成しえたかもしれない上海に一〇年以上遅れてようやく花開き始めたのである。

余談だが、片倉製糸も一八九三年にのちに二代目社長となる今井五介らを上海に派遣し、製糸場の経営を試みようとしたが、日清戦争の勃発により中止せざるを得なかったことが、片倉工業の社史に記されている。

アメリカの絹産業

富岡製糸場の生糸は、明治中期以降、フランスを中心としたヨーロッパからアメリカへと輸出先をシフトした。富岡だけでなく、日本の生糸の輸出先全体がアメリカへと移っていった。では、アメリカでは、どこで日本の生糸を使用していたのだろうか？　アメリカでは生糸を生産していなかったのだろうか？

ニューヨーク・マンハッタンの北部からハドソン川を渡って高速道路を西へ三〇分も走らないうちに、かつて「絹の町」と呼ばれた都市へとさしかかる。ニュージャージー州のパターソンである。アメリカでは、南部の綿花を原料とする綿織物業は盛んであったが、養蚕や製糸業は、ほとんどといってよいほど根づかなかった。しかし、イギリスからの移民により、絹織物業はニュージャージー州などで盛んになり、当初は中国の生糸をヨーロッパ経由で輸入していたが、次第に日本の生糸の品質が向上し、太平洋航路から大陸横断鉄道で東海岸まで運ぶ交通網の整備も進んで、日本の生糸の需要が一気に高まった。さらに、第一次大戦後、女性の社会進出の進展もあって脚を見せるファッションが流行、脚を美しく見せる絹のストッキングへの需要が増大した。ストッキング用の生糸は節がない高級なものしか使えない。御法川式の多条繰糸機で挽いた原富岡製糸所や片倉製糸紡績の生糸がそれぞれのニューヨーク支店を通して、パターソンなどに立地した絹織物工場へと運ばれた。

パターソンはその後、機関車や航空機製造などの重工業も栄えた一大工業都市となったが、第二次大戦後は衰退、一時は人口も減り、中心部の空洞化も進んで、見る影もない街へと変わり果てた時期もあったが、近年は落ち着いたたたずまいを残すニューヨーク近郊の町として再び人のにぎわいが戻っている。市街にはレンガ造りのかつての工場の建物なども見られ、その工場を再生したパ

官営期の富岡製糸場の商標

ターソン博物館では、絹織物の機械などの展示もある。また、パターソンの市章には、桑の苗を植える人が描かれており、絹産業で栄えた名残が今も見られる。ただし、実際にパターソンで養蚕が行われていたわけではなく、絹織物の象徴として桑を描いているようだ。

商標から見える「富岡」

商品を出荷する際には、どこの国のどの地域のものかを明確にする必要がある。生糸も同様であった。海外へ輸出される生糸には、必ずそれを示す商標が付された。生糸商標は、各製糸工場によってデザインなどが違い、時代を経るとそのデザインの美しさを競い合ったため、実に多種多様な商標が使われ、海外へと運ばれた。城郭や寺社など日本らしい風景や鶴や虎などの動物、あるいは浮世絵から採ったものなど、日本のイメージを喚起させるものが多い一方で、アメリカへの輸出が盛んになったからか、「自由の女神」を描いた商標も何種類かある。実用品としては、ほとんどが海外に渡ったこの商標、外国人の手によってコレクションされたケースもあれば、日本でこの商標を集めた人もいるが、「チョップ」とも呼ばれる製糸工場の商標が個人や企業から寄贈されて各地の博物館などに収蔵されている。

そのうち、官営時代の富岡製糸場の商標がこちらである。日本語は、「大日本上野国富岡製糸所」と「大蔵省印刷局製造」の二か所だけであとは全部フランス語である。中央に、富岡製糸場の正門と検査人館、東置繭所、煙突が描かれ、桑の葉が配されている。数ある生糸商標の中でも、官営のなせるわざか、最も格調高いデザインといってよいだろう。この商標は原合名時代にも同じデザインをベースに、赤い「原」のシールを加刷した形で使われ続けた。「フランス人ブリュナの指導の下に一八七二年設立」という文字も書かれており、誇り高さが伝わってくる商標である。なお、片倉時代になると、片倉製糸紡績が全国で使っていた共通のデザインに、「ＴＯＭＩＯＫＡ」という文字が入ったものへと変わっている。

この商標を見ていると、かつて、「ＴＯＭＩＯＫＡ」は生糸ブランドとして海外でよく知られた時代があり、事業の衰退から終焉を経て、今再び世界遺産として「ＴＯＭＩＯＫＡ」のアルファベット表記が復活した奇縁が感じられる。

◆コラム　ブリュナの再来日

ポール・ブリュナは、中国での貿易業を一九〇六年に店じまいし、フランスへの帰国の途に就く前に、再び日本の地を踏んでいる。一か月余りの滞在の間、箱根の温泉で静養しているほか、富岡製糸場にも足を運んでいる。一九〇六年といえば、原合名会社の手に渡り、古郷時待が所長を務めていたころである。工場が増設されたり、繰糸器が取り替えられたりした様子を見て、ブリュナの胸にはどんな思いが去来したことだろうか？

この帰国に合わせて、第五章で触れた「大日本蚕糸会」は、ブリュナを表彰している。「精勤五か年、我製糸勃興の端緒を開きたるの労効洵に顕著なり」と、富岡製糸場の立ち上げのために滞在した五年の労をねぎらうとともに、日本の気候に合わせて再繰式を採用したことは慧眼であり、その後に設立された製糸場も皆これを範としていることも述べられている。表彰者の名前は、「大日本蚕糸会総裁　貞愛親王」、初代総裁の伏見宮殿下である（余談だが、一九一三年には、渋沢栄一と故田島弥平が大日本蚕糸会から表彰されている）。

その後、ブリュナは家族とともに、パリの高級住宅街に住んだが、その生活はわずか一年あまりで終焉を迎えた。一九〇八年五月に、六八歳で永眠したのである。

二〇代に日本に来て以降、人生の大半を日本と中国で過ごし、両国の製糸の発展に尽くし、日仏両国の産業の架け橋になったブリュナが両国でその活動が評価されていることは、彼の事績の持つ意味を、当時の両国のしかるべき人たちがきちんと認めていたからに他ならない。

富岡製糸場の世界遺産登録は、彼の死後一〇〇年を超えて、彼の栄誉をさらに高めたことになろう。

終章

富岡製糸場を見つめなおす
三つの二重螺旋の視座

検査人館から見た女工館

富岡を見る視点の整理

富岡製糸場は、長らく「殖産興業の拠点として厖大な官費をかけて巨大な製糸場を造ったものの、経営的にはうまくいかず早々に民間に払い下げられた」であるとか、「世界遺産候補とはいっても、使われなくなった古びた工場で大した特色があるわけでもなく、そもそも世界遺産になれるわけがない」、あるいは「製糸工場といえば『女工哀史』、負の部分に目を瞑って世界遺産登録に血道をあげるのは間違っている」といった言説が巷間ささやかれて、その価値が正しく理解されることは少なかった。

今でもインターネットの書き込みを見ると、「官営富岡製糸場は赤字の垂れ流し」、「富岡製糸場はブラック企業のはしり」などといった、聞きかじりの知識と、史料に基づかないイメージコメントが多く見られる。

ここ数年、富岡製糸場の世界遺産登録の機運が高まったり、観光客が急激に増えて、そもそも世界遺産になれるのかといったちょっと前までは当たり前にあった疑問はかなり払拭された一方、逆に一見目を惹く赤レンガの巨大な建物が三棟も創業時のまま残っているので世界遺産になるのも当然だというふうに、極端な楽観論に振れる傾向もあり、富岡製糸場を日本の通史や産業史、あるいは東西交流史の中でどう位置づけるべきか、多様な視座から論じるということがあまりなされてこなかった。

序章で述べたように、世界遺産の登録運動の過程で、推薦書を出す際に、改めて顕著な普遍的な価値を明確にする作業が行われてきた。しかし、これは逆に世界遺産に登録したいがために、世界遺産の登録基準に無理やり合わせようとした側面もあって、客観的に富岡製糸場の価値をきっちりと一つ一つ示し、それを標本のようにピンで固定し展翅していく地道な努力がなされてはいても、それが十分な認知を得るまでには至ってこなかった。その理由として、富岡製糸場、あるいは絹産業全般について、製糸業の専門家、養蚕業の専門家、建築の専門家、お雇い外国人の専門家というふうに、業界や学問の狭い縦割りの中で、ある部分だけを語れる人は大勢いるものの、一次産業から三次産業までを広く包摂する専門家、建築と産業と文化を俯瞰して見ることができる専門家、世界遺産の流れの中で近代産業遺産の意義を位置づけられる専門家がほとんどいなかったことが原因ではないかと感じている。

そこで、この章では、これまで提示した富岡製糸場への視座を整理し、この施設の価値、あるいは絹産業の価値をどう捉えたらよいかを考えてみようと思う。

富岡製糸場の従来的価値

富岡製糸場について、これまで語られてきた従来的価値は、おおよそ次の八点ではないだろうか。

一、世界最大級の製糸工場が完璧に残る
二、「初」の日本と西洋の文化交流の証
三、工業国ニッポンの出発点

四、〝軍国化〟への財政的支柱
五、近代的労働の日本における嚆矢
六、シルクの大衆化への貢献
七、国内の重層的な絹遺産の代表
八、消えゆく養蚕製糸業への関心を高める

一、富岡製糸場が完成した当時、三〇〇釜という釜数や長さ一四〇メートルを超える繰糸所は世界最大といってよい規模であった。その工場が経営者が変わりながらもほぼ一貫して生糸生産の場であり続け、しかも中の機械を入れ替えながらも創業時の工場や倉庫そのものは全く増改築をせずに済ませ、なおかつ操業停止後も停止時の状態のまま、一四〇年前の姿を保ち続けているのは稀有なことであり、保存状態の良さとも合わせ、きわめて価値が高い。

二、日本に西洋文化が流入したのは戦国時代、いわゆる南蛮人によってであった。鉄砲や石鹸、カステラなどが日本に伝わり、単に珍重されるだけでなく、鉄砲のように戦いのありようを変えて、時代を動かした例もあった。しかし、一方的な流入ではなく、「文化交流」といってよい現象は、この富岡製糸場を舞台にして行われたのが最初ではないか。幕末以降の生糸の生産と輸出、特に富岡製糸場において、日本とフランスの技術を融合した形で製糸場を建て、その中の器械も日本人に合わせた形に改良されたものを移入し、そこで生産された生糸がヨーロッパ、のちにはアメリカに輸出され、絹織物となって西欧人が着飾ったことは、絹をめぐって東西文化が交流し合ったことを示している。

三、二〇世紀後半の日本は、最も工業化が進んだ国の一つとなり、しかも良質かつ均一な製品による「信頼」という点で、世界最高水準の工業国となった。ソニー、キャノン、トヨタ、ホンダなど日本の企業名や商品ブランドは、優秀な製品の代名詞となった。この工業国ニッポンの礎となったのが、明治初期に外国の技術を導入して始まった製糸、紡績、鉄道、鉱業などの産業革命であったが、そのもっとも初期の、そして大規模な実例が富岡製糸場であった。戦後は世界に先駆けて製糸機械の自動化を成し遂げ、そのオートメーション技術が自動車や家電製品の工場にも導入され、世界を牽引する工業化の魁となった。まさに、工業国ニッポンのファーストランナーとなったのである。

四、明治維新から大正、そして昭和と、戦前の日本は、富国強兵策でひたすら軍備を増強し、国力を高めることに邁進する国家であった。資源に乏しく、また最新の軍備を自前の技術だけでは賄えないために、外貨を稼いで軍艦や戦闘機などの軍備やその材料となる部品や機械類などを輸入するしかなかった。その外貨獲得の最大の手段が生糸の輸出であり、そのためには高品質の生糸の生産の継続が至上命題であった。富岡製糸場の稼働と技術移転は、日本各地に器械製糸の普及をもたらし、高品質の生糸の継続的な生産を可能にした。

五、この本ではあまり触れなかったが、富岡製糸場は、工女を原則として寄宿舎に入れ、日常生活の場を労働の場と共有しながら、決まった労働時間で働くこと、毎週日曜日が休日であったことに象徴される同一曜日に休日を設定するという習慣、技量に応じて賃金が変わる能力給の導入、工場敷地内に診療所を設け、医師が常駐するという厚生面での施策など、現代では当たり前とされる労働形態を日本で最初に導入した工場のひとつであり、なおかつそうした痕跡が今も場内に様々な形で残っていることに大きな価値があると考えられる。

六、明治中期以降、富岡製糸場の生糸は主にアメリカに輸出され、そこでストッキングなどが大量生産されることにより、多くの女性の憧れだった「絹を身にまとう」ことを可能にした。シルクの大衆化とも呼ぶべきファッション革命を、生糸という原料の供給によって支えてきたという側面も見逃せない。

七、日本各地には今も多くの絹産業にかかわる遺産が残されている。それらはこれまで知名度も低く、また見た目も地味であり、産業そのものが衰退期にあることもあって、ほとんど注目されてこず、ひっそりと姿を消しつつあった。富岡製糸場はそうした絹産業の横綱ともいうべき代表選手であり、富岡製糸場が注目されることで、こうした多くの絹産業の遺産にも光が当たるという側面がある。

八、日本では、富岡製糸場の閉鎖後も一貫して養蚕・製糸業の衰退が進み、二〇一三年現在、全国の養蚕農家は六〇〇戸を切り、従事者の平均年齢も七〇歳をはるかに超えている。このままでは衰退どころか日本から養蚕・製糸業は消滅しかねない状況にある。一方で、着物や様々な織物など絹の需要がなくなっているわけではない。自然由来の衣類の素材の生産、あるいは衣類だけではなく、遺伝子の研究や医療分野にも使われ始めている生糸生産の灯を、伝統的な絹産業の文化を持つ日本から消してよいのかという議論がある中、富岡製糸場が日本の絹文化を守る旗印としての役割を果たすことが期待される。

三つの二重螺旋が成り立つ富岡製糸場

このように多様な価値を示す富岡製糸場をどのように捉えたらよいか長年考え抜いてきた筆者は、富岡製糸場の多様性を三つの二重螺旋で表現できないかと思い至るようになった。

江戸時代が終わり、明治になって忽然と群馬県の富岡に現れ、一一五年の操業を終えたという一直線の歴史ではなく、常に相対する二つの相貌をまといながら、それが絡まるように歴史を刻んできた富岡製糸場を表す一つのモデルになるのではと考えたからである。

一つめは、もちろん、「日本」と「外国」というふたつの要素が絡まり合う螺旋である。

富岡製糸場は、さまざまな意味で「国際的」な建物である。まず、建物自体が、和風の屋根瓦に木の梁という組み方であるにもかかわらず、レンガをほぼすべての建物の壁に使用するという日本には当時ほとんどなく、またその後も大規模な建物では例がない建造方法であった。建築現場でフランス人と日本人が一緒になって議論したり、協力して苦労しながら造り上げたということもわかっている。導入された繰糸器械も、フランスのものをそのまま輸入したのではなく、作業をする日本人の体格に合わせて改良したり、湿度の高い日本では再繰式のほうが品質が高まることを見抜いて、そうした設備を導入したことも、単に一方的に文化が流入したのではなく、相互に影響し合っている点は、文化融合の観点からもきわめてユニークである。

ブリュナが富岡製糸場の仮契約を交わした際に提出した見込書には、「現在ヨーロッパで行っている方法をそのまま日本に移しても利益はない。ヨーロッパの汽機（筆者注、「機械」のこと）の利便性を用いて日本在来の製糸法を増補することが第一である。（中略）とりわけ日本人の体の長短に適応するばかりでなく、彼女たちが旧来習熟してきた製糸法とあまり異ならず大変便利である」と書かれた部分があり、富岡で花開いたのは、単なるヨーロッパ文化の移植ではなく、日本という固有の風土と伝統に根差した改良を加えられた「融合文化」であり、そこに、富岡製糸場が長続きした理由や、その後日本で、富岡製糸場に導入された機械やシステムが発展的に各地に広がった理由を求めることができるのではないかと思う。

富岡製糸場にかかわった渋沢栄一が海外の経済や企業の仕組みを学んで現在につながる株式会社というシステムを形成したことに始まり、その後受け継いだ三井家も原合名会社も片倉製糸も、海外にもいくつも拠点を持つグローバル企業であった。それは、絹そのものがもともと国際商品であったことと深く結びついている。

かつては中国からシルクロードで、当時世界最大の強国であったローマ帝国に運ばれて以降、常に絹は貿易の対象であった。高価で希少だったことから、富裕層、権力の支配層に好まれ、経費をかけて輸入しても、十分その分を上乗せして売ることができたという面もあろう。

イタリア、イギリス、フランスといった、生糸や蚕種を切望していた国による日本各地の視察から始まり、現在、日本での生糸生産が衰微し、再び輸入に頼っているという富岡製糸場の一四〇年の歴史とオーバーラップする形での「国際交流」は、生糸と富岡製糸場を最も特徴づける二重螺旋構造である。

二つめの二重螺旋「生糸と軍事」

「梅ちゃん先生」「あまちゃん」「ごちそうさん」とNHKの朝の連続テレビ小説は、二〇一二年以降、高視聴率が続いているが、この書が出版される二〇一四年度前半に放送されている「花子とアン」もその流れを受けて好調である。これは、『赤毛のアン』などの翻訳を手がけた翻訳家村岡花子の生涯を描いた作品だが、家が山梨県甲府の貧しい小作農であるがゆえに給費生として良家のお嬢様が通う東洋英和女学校（ドラマでは、修和女学校）で学ぶ花子と対比される形で、花子の妹は製糸工場に工女として、そして甲府に歩兵連隊ができてからは、兄がその連隊に入ろうとするシーンが放送された。明治末期、貧農の家庭で教育を受けていない子弟が働きに出る先としては、男性は軍隊、女性は製糸工場が有力な受け入れ先であったことがよく理解できるシーンである。もちろん、軍隊は低所得層の男性の受け入れ先というだけではなく、エリートの受け入れ先という側面もあった。当時の旧制中学からの人気進学先御三家は、「一高、陸士、海兵」であったことはよく知られている。（現在の）東大へ行くか、陸軍士官学校へ行くか、海軍兵学校へ行くかが悩みどころだったのである。また、大手の製糸関連の企業や研究所、国の機関などにも花形産業として研究職などに多くの優秀な学生が入っていった。

こうして、一方では、時代の寵児となりながら他方では底辺の人々を一兵卒として、また労働者として吸収していったのが、「生糸と軍事」であった。

第四章で述べたように、富岡製糸場の設計者や通訳が、軍需工場ともいうべき軍艦の製造所出身であったことや、軍備の充実に直結する重工業と対をなす形で、しかも先行して発展し、輸入と輸出という補完関係で互いに支え合って、明治初期から第二次大戦終了までの四分の三世紀を絡まるように歩んできたのは、まさに二重螺旋の構図そのものである。また、第五章で述べたように、皇室での男女の役割分担が、ここでも男性による軍事と女性による生糸の生産という形で、対照的に分かれながらも不可分に結びついている構図が見られ、「生糸と軍事」の二重螺旋とオーバーラップするようにみえる。

戦後、しばらくは再び生糸の輸出が外貨獲得を支えたものの、もう片方の軍事は、平和憲法のもと、事実上封印され、戦後の貿易は、次第に自動車や船舶、機械など重工業品の輸出とその製品や生産のエネルギー源となる素材の輸入、具体的には石油、石炭、木材などへとシフト、加工貿易が戦後の発展を支え、「生糸と軍事」の二重螺旋は完全に消滅した。その良し悪しは別として、「殖産興業」と「富国強兵」の強固なセットがあればこそ、そのスローガンが国民を駆り立て、天に登る龍の如く、絡まり合いながら日本の経済と人々の暮らしを牽引したのである。

三つめの二重螺旋「群埼×横横」

これまでに見てきたように、地誌的には「上野国」「群馬県」に所在する富岡製糸場であるが、国内の関係性から見ると、原料の繭や工女を供給した群馬周辺の地域、とりわけ養蚕文化をはじめ文化的なつながりの強い現在の埼玉県と一体となって建設、運営された面と、輸出品として位置づけられたことからその窓口であった横浜との深い関係とが相互に作用しながら発展してきたことも大きな特質である。創業時に深いかかわりのある横須賀も視野に入れて、群馬・埼玉と横浜・横須賀、内陸と海岸の二つの地域が富岡を形作り、発展へとつなげたことから、三つ目の二重螺旋は、群埼×横横と仮に名づけられるのではないかというのが、私の問題意識である。

この両地域は、関東地方の南部と北部にあたる。横浜は、開港時は戸数わずか一〇〇戸あまりの寒村にすぎなかった。開港すれば、外国人が住むことがわかっていたので、トラブルを避けるために東海道の宿場町であった神奈川宿からあえて離れた場所に開港したのであった。しかし、この寒村は、東京に近いこともあって日本の表玄関として発展、外国へ行き来する日本人も外国から日本を訪れる来訪客も、横浜港を利用することがほとんどであった。

そして何よりも横浜を発展させたのは、生糸の輸出港としての役割であった。生糸を扱う外国商館とそこに生糸を売り込む日本の商人がまず居を構え、貿易にかかわる様々な施設、例えば税関、銀行、倉庫、生糸検査所といった建物が次々と整備された。今、観光客であふれる中華街も、もとは外国人居留地の中国人商館が基礎となって発展したものである。また生糸が集まることにより、ハンカチやスカーフの製造も盛んになり、横浜では数少ない地場産業として定着した。

横浜とほぼ同時期に函館、新潟、兵庫（現在の神戸港）なども開港したが、生糸の取り扱いは、関東大震災で横浜港が壊滅的な打撃を受けるまでは、横浜がその輸出港としての地位をほぼ独占していた。そして言うまでもなく、富岡で生産された生糸は一部の二流品（繭の質が悪く、輸出できなかった生糸）を除き、ほぼ百パーセントが横浜に集められた。富岡製糸場の稼働を支えたのは製品の海外への窓口だった横浜であり、またその逆に横浜の発展の多くを生糸が支えてきた。また、横浜の外港として、造船所の設置からのちに軍港としての地位を揺るぎないものとする横須賀も、第二の二重螺旋である「生糸と軍事」の関係性に入り込む形で、地理的な「群埼×横横」の二重螺旋を成り立たせている。

富岡製糸場は、「鎖国中の明治初期に群馬に建てられた製糸工場」という単純な位置づけではなく、「江戸時代後半に発達した蚕糸業という土台の上に、国際商品たる生糸をヨーロッパの旺盛な需要と進んだ技術によって生産し、それを輸出することによって、貿易港横浜とグローバルな絹産業の発展に貢献したモニュメント」であり、なおかつ「日本の近代化の推進者であり軍事化への道の舞台裏の主役」という相貌も併せ持つ役割を担い続けてきたのである。富岡製糸場を語るとき、この三つの螺旋構造の中にそのあり方や特徴を位置づけられることが比較的多く、その構造を折に触れて確認しながら語っていくことが実態に迫ることになるのではないかと感じている。

女性労働という視点

この本では、富岡製糸場あるいは製糸業全般を語る際に欠かせない「女性労働」の視点は極力省いてきたが、イコモスの登録勧告の中で、「フランスからの、あるいは国内における女性たちの指導者あるいは労働者としての役割を通じた技術移転についての調査を行うこと。また、労働者の労働環境・社会的状況についての知見を増すこと」という助言が盛り込まれているので、その点に少し触れておきたい。

富岡製糸場の初期の段階、すなわり、ブリュナが首長として技術移転に力を入れていた時代、工女の一日の労働時間が八時間程度であったり、当時日本ではほとんど例がない定曜日の休日があったり、無料の賄いつきの寄宿舎が整備されていたり、製糸場内に医師が常駐する診療所があったりと、現在の視点から比較しても好待遇であったのは、すでに工場法が制定され、かつカトリック教国であるフランスからの技術者が事実上経営していたこと、工場とはいえ技術の伝習機関的な色彩を帯びていたことが大きな理由である。繰糸所には電灯がなく、暗くなれば操業できないことも、夕方以降に勤務時間を設けられない大きな理由であった。初期段階において富岡製糸場が「ブラック企業」ではなく、「超ホワイト企業」であったとされる所以である。創業時の工女の募集に際しては、勤務は、一年から三年と年限が決められていたが、有期雇用とはいえ、一方的に首を切った例はなく、そういう意味でも身分が保証された〝公務員〟であったことがわかる。ただし、実際には様々な理由で特に草創期には一年経たずに辞めて故郷に帰るケースが多かった。工女については慢性的な人手不足の状態だったと言われている。

民営化で伸びた労働時間

官営時代も終わりごろになると、繰業時間も伸び、民営化後はさらに労働時間は長くなった。とはいえ、こうした状況を「ブラック」というなら、当時の女性の一般的な待遇、例えば農村で農業と家事に専念する女性との比較で、製糸工場の労働者の労働条件が極端に悪かったかと言われれば、むしろ、きちんと賃金が支払われ、ましてそれが成果に見合った能力給であったことを思えば、製糸工場イコール女工哀史というステレオタイプな見方は正しくない。

飛騨地方から諏訪湖畔の製糸工場に働きに出た工女を描いた映画『あ、野麦峠』がそうしたイメージを固着させた面は大きいと言わざるをえない。もちろん、富岡製糸場でも労働争議は発生したし、故郷に帰れないまま病死する工女がいたことは確かだが、当時の時代状況の中で、本当に製糸場で働いた工女の多くが不当に搾取され、「ブラック企業の社員」であったのか、とりわけ、三井、原、片倉と、当時としては先進的あるいは家族的な社風を持つ企業による経営のもとでそうだったかと言われれば、むしろ反証のほうが多く見つかりそうだ。

『富岡製糸場誌』には、一九七二年に行われた原合名時代に富岡製糸場で働いた工女の聞き取りの様子が収録されている。

大正末期、腕の良い工女は月給にして四〇~五〇円ほどは稼いでいたこと、これは教員と同程度の額で、一生勤めてもよいと思ったこと、休日であった第一、第三日曜日には製糸場前にあった三軒の映画館によく通ったこと、製糸場の働き手全員で芝居小屋に歌舞伎を見に行ったこと、工場内では演芸会やかるた会などがよく行われていたことが生き生きと語られている。桜のシーズンには、市内の公園に出かけ、工場から出される弁当を持って花見をしながら踊ったり、そこには富岡の地元の人たちも「原製糸の花見」と親しんで参加したこと、お盆の休みには、ブリュナ館で千人もの工女が入って盆踊りを踊ったことなども記述されている。一九二三年には、富岡製糸場の創業五〇年を記念した「五〇年祭」が開かれ、東京から落語家が呼ばれたり、ブリュナ館で映画が上演されたりした想い出を語る人もいた。原合名会社自体、演劇部があったり、しばしば社内で従業員のための催し物を開くような会社だったので、そうした社風が富岡製糸場にも持ち込まれたのだろう。

一方で、製糸業全体に目を向ければ、乱高下する生糸価格に翻弄される諏訪地方などの製糸会社の経営者が、ある時期、農村から働きに来た少女を劣悪な環境で長時間働かせた『女工哀史』の現実も確かに存在した。富岡製糸場が「絹産業の代表」として世界遺産に登録されたのだとしたら、そうした労働史の負の部分にも目を向け、炭鉱など他産業での厳しい労働形態とも比較しながら、「故郷を離れて暮らす若年女性の集団労働」に支えられた製糸業の特質を、時代背景を的確に捉えつつ検証していくことが必要であろう。

ただ、誤解のないように付言すれば、仮に負の部分があったからといって、それに関連する物件が世界遺産にふさわしくないということにはならない。世界遺産には、奴隷貿易の拠点であった港や、ユダヤ人を大量虐殺した強制収容所跡、核実験や核の使用による悲劇のモニュメントである「ビキニ環礁」（マーシャル諸島）や「原爆ドーム」といった物件も登録されており、人類の苦難や愚行の歴史もそれゆえに後世に残し伝えるべきという思想が共有されているからである。

製糸の模範工場から総合絹産業の中心へ

富岡製糸場が語られる文脈は、世界遺産への登録が決まった現在でも、相変わらず、「日本初の官営器械製糸場」であること、「技術を伝えた模範工場」であることばかりに集中しているが、ヨーロッパの産業遺産の紹介で述べたように、その時代時代の特徴を、敷地の中の建物や設備が象徴していることも同様に重要である。

ブリュナ館の手前に、一九四〇年、片倉製糸に経営が移った直後に建てられた診療所が残っている。建物自体は、建築学的に特筆すべきものではないが、診療所は創業時から設置され、フランス人医師が常駐していた。こうした労働環境が引き継がれてきた痕跡がこの診療所であり、その意味では、この建物も重要文化財ではないにせよきわめて重要だといってよい。

また、繰糸場の南には、現在はまだ非公開の揚返工場が残っており、内部の機械も操業停止時のまま残されている。開業時の錦絵や写真を見ると、繰糸場の中央に繰糸器が備えられ、窓際にずらりと揚返の器械が並んでいるのが見られるが、この揚返の設備が、三井から原合名会社の時代にあちこち移され、最終的に繰糸場に並行に専用の揚返工場が建てられた。現在見られる揚返工場は、そうした変遷のいわば最終形態としてここに残っているわけで、工場の作業の実態を検証する際には、繰糸場と同じくらい重要な位置づけを占めている施設である。

また、直接目には見えないが、蚕種の改良や農家への無料配布、あるいは農具の配布などを通して、富岡製糸場は地域の養蚕農家とつながり、また輸出されることによって、横浜の貿易業者やリヨンやニューヨークの生糸市場、そして織物工場へと製品や情報がつながっていく、その総体が絹産業のありようであり、一次・二次・三次産業全体にかかわる裾野の広い絹産業の要であることも浮かび上がってくる。昨今、第一次産業が加工・流通販売まで業務を展開する経営形態を「第六次産業」という言い方をするが、絹産業はまさに六次産業的な幅広い産業であり、富岡製糸場はその中心を担っていたのである。

さらに、ここで働いたフランス人が上海でも製糸工場を興したり、初期に働いた工女が全国各地で器械製糸の教師役となって地場の製糸業の勃興を促すなど、富岡製糸場を起点に無数の物語が作られていったことも、富岡製糸場の価値を考えるときに忘れてはならない視点である。

このような複合的な要素を、三つの二重螺旋を軸に整理しながら、富岡製糸場と日本の絹産業の歩みを見ていくとき、日本が世界とつながりながら成立した近代国家の相貌が浮かび上がってくるし、それが富岡製糸場と絹産業遺産群が持つ本当の価値ではないかと思える。

全国の絹産業遺産への波及

「富岡製糸場と絹産業遺産群」の世界遺産登録勧告のニュースが発表されて一〇日後、石川県の地元紙である北国新聞に、「明治初期に富岡製糸場を模して建てられ、石川の繊維産業の原点となった『金沢製糸場』の遺構とみられる建物が、金沢市湯涌《ゆわく》温泉の山中に残っていることがわかった」という記事が掲載された。記事には、金沢製糸場は富岡製糸場開場の二年後にあたる一八七四年、後に第二代金沢市長となる旧加賀藩士長谷川準也らが殖産興業を目的に建設した製糸場で、錦絵に描かれた製糸場は、外観、内観ともに富岡製糸場によく似た造りとなっていること、操業地の金沢市長町から戦前に移築されたと見られ、変転を経て現在は倉庫となっているが、これまでほとんど忘れ去られていたこと、専門家は、世界遺産登録の勧告を受けた富岡製糸場に注目が集まっていることから、ほぼ同時代に造られた金沢製糸場にも今後、光が当たると見て、将来の保存、利活用を見据えた実測調査の必要性を強調したことなどが書かれている。建設を手掛けた大工は、実際に建設中の富岡製糸場を視察し、器械の構造や建物の図面の模写も行って金沢に戻っていることもわかっており、「富岡の世界遺産登録勧告を好機ととらえ、詳細な調査や保存を求める声が上がっている」とまとめられている。

このように、富岡製糸場に光が当たることにより、これまで見向きもされなかった絹産業にかかわる遺構が見直され、地域の歴史の発掘につながる例がすでに出てきていることは、目立たないが重要な世界遺産の意義のひとつであろう。

しかし、地元で守られてきた絹産業の遺構が人知れず消えていく現実もまた一方で厳然としてある。高知県の東部、奈半利《なはり》町にある藤村製糸の工場や倉庫は、二〇〇五年の操業停止後も、敷地内できちんと保存され、国の登録有形文化財として守られてきたが、老朽化と維持補修費がかさむことにより、二〇一三年の暮れ、一部の倉庫を除いて取り壊された。富岡製糸場の世界遺産登録がもう一年早かったら、絹に関連した遺構を保存しようとする機運が高まって、もしかしたら取り壊しは免れたかもしれないという気がしないでもない。とはいえ、個人や一企業で使わなくなった建物を保存・管理していくことは容易ではなく、富岡製糸場の周囲でも、すでにこれまでに繭を貯蔵する蔵や多くの養蚕仕様の農家が姿を消している。世界遺産登録が、単に登録された四件の資産を保存していくだけでなく、全国にあまたある貴重な産業遺構の保存にどう資していくのかを突きつけている事例と言えよう。

姉妹都市岡谷の新しい挑戦

序章で、製糸の現場は一般には見られないということを記したが、富岡製糸場が世界遺産に登録された一か月ほど後の二〇一四年八月一日、製糸の様子を直接見ることができる画期的な博物館が誕生する。長野県岡谷市にある市立岡谷蚕糸博物館である。

諏訪湖畔にたたずむ岡谷市は、一九三八年から富岡市に譲渡される二〇〇五年まで六〇年以上にわたって富岡製糸場を所有してきた片倉工業の発祥の地であり、戦前はわが国最大の製糸の街として繁栄を謳歌した。岡谷蚕糸博物館は、この町の製糸の息吹を後世に伝えるため一九六四年に開館し、三代目片倉兼太郎が集めたフランスから輸入された富岡製糸場の初期の繰糸器（四三頁参照）や水分検査器など、富岡製糸場でも失われてしまった貴重な関連の用具などを収蔵・展示しており、富岡製糸場を知るには欠かせない施設である。こうした関係で、富岡市と岡谷市は、富岡製糸場開業一〇〇年にあたる一九七二年に姉妹都市となっている。

富岡製糸場で使われた水分検査器（デザインが33頁のエシュト・リリアンタール商会の商標と酷似している）
（提供；市立岡谷蚕糸博物館）

このたび、この蚕糸博物館が移転リニューアルされ、市内の別の場所で製糸を行っていた宮坂製糸所という民間企業の工場がそのまま博物館に入り、実際に製糸をする過程を見学客が観覧できるようになる。公営の博物館に私企業の工場がまるまる入居し動態展示をするという、世界でもほとんど例のないユニークな博物館として再オープンするのである。

宮坂製糸所は、規模が小さく、序章に記した日本で稼働中の二つの製糸工場には入れていないが、群馬県で発達した、江戸時代以来の「上州式座繰器」、フランスやイタリアの繰糸器を改良し、戦前に諏訪湖周辺を中心とした製糸工場で多く使われた「諏訪式繰糸器」、そして戦後の自動繰糸機の三種類の繰糸法を使って、様々な用途の生糸を少量多品種で今も生産し続ける製糸所である。かつて市内に三〇〇もの製糸工場があった岡谷市で、唯一生き残った製糸所が、富岡製糸場が世界遺産に登録された年に、博物館という多くの人が集まる施設に入り、生まれ変わって製糸を続けていく意義は小さくない。社長の宮坂照彦氏も、新生の蚕糸博物館の高林千幸館長も、ともに蚕糸業への思いは人一倍強い方々である。富岡製糸場が絹産業のシンボルとして、赤レンガの輝きを放ち続けることが、日本各地にこうした絹の文化を残そうとする人たちの意欲を失わせないことにつながっているのではないか、そんな思いがしてならない。

富岡狂想曲の中で

近年観光客が増えてきたとはいえ、シーズンオフなら観光客の姿をあまり見ない時間帯もあった富岡製糸場は、二〇一四年四月二六日を境にそのにぎわいのレベルが一変した。この日の未明に、当初の予定より数日早く、ユネスコの諮問機関であるイコモスが、「富岡製糸場と絹産業遺産群」の世界遺産への登録について、世界遺産リストへの記載が適当という勧告を出したというニュースが日本列島を駆け巡ったからである。

まるで大型連休の幕開けに合わせたような報道により、その翌日の二七日、日曜日には、前年の大型連休中に記録したこれまでの一日の来訪者数の最高数を四〇パーセント以上も上回る四九七二人もの観光客が富岡製糸場に押し寄せた。さらに、五月三日には六四五六人、翌四日には八一四二人と、考えられないくらいの見学客が殺到、五月の見学客は前年の三倍を超えるほどになった。

世界遺産には地域振興の側面があり、地方都市になればなるほど、経済的なメリットが期待されるのはやむを得ないし、だからこそ多くの地域で、今も世界遺産を目指す動きが続いていることも理解できる。しかし、その前年は富士山へ、そしてさらに二年前には平泉や小笠原へと踊らされるようにブームが更新されていくのを目の当たりにすると、これ以上の受け入れは地域の静かな生活や登録物件の保護を優先してお断りします、という姿勢も必要ではないか。そうでないと、観光客が喜ぶ小奇麗だが個性のない土産物店が幅を利かせ、慌ただしい団体旅行のルートに組み込まれ、富岡製糸場と絹産業遺産群が持つ豊饒なストーリーの理解はなおざりにされ、ただ行ってきましたという観光客ばかりを増やすことになりかねないという、これまでの登録地で繰り返されてきたことがまた起こってしまいそうなムードである。

東京に近く、関越自動車道で練馬インターチェンジから一時間程度で着いてしまうアクセスの良さや、軽井沢や群馬北部の有名温泉地への途中に立ち寄ることができる立地条件もあって、当分、富岡製糸場の観光ブームは続くだろう。経営的に苦しい地方私鉄の駅に近いという、これまでの日本の世界遺産にはない立地は、地域住民、とりわけ高校生や老人など車を運転できない弱者の足となっている上信電鉄の存続には、大きな効果をもたらすという期待もできる。

その一方で、世界遺産登録による観光客の増加や観光客への過剰ともいえるサービスは、富岡製糸場がまだ操業中だった昭和四〇年代以前の雰囲気を残す富岡のレトロな街並みを失わせたり、観光客を入れなくて済んでいるがゆえに大規模な補修をしなくてもよかった未公開の施設を公開することによって、オリジナルの価値が損なわれる可能性もある。イコモスの登録勧告からわずか三週間足らずで、製糸場の周辺に新たに三か所もの民間の駐車場ができたことについても、観光地としての整備という位置づけのほかに、製糸場を取り巻く街並みの景観も遺産の延長線上にあるという観点などから、もっと多面的に考えられるべき問題であろう。

何のために世界遺産に登録するのかという原点が忘れられると、世界遺産という制度に本来期待されている、人類の宝を次代に残す役割は後景に退いてしまいかねない。

富岡製糸場と絹産業遺産群がこれまでの日本の世界遺産と異なる点は、単に初めての近代以降の産業遺産というだけでなく、今国内からは消えゆこうとしているひとつの産業の終焉にリンクしているということである。世界遺産として光が当たろうとしている絹産業は、我が国においては、まだ織物業は残っているにせよ、養蚕・製糸という工程はこのままでは消滅しかねない状況である。経済の比較優位の原則から言えば、安く生産できる国から買えばよいということになるが、産業が消滅するということはそれにかかわる暮らしや文化も消えていくことになり、文化の多様性が失われることを意味する。世界遺産登録を契機に、あらためて絹織物の価値や、あるいは生糸に限らず、蚕の吐く糸の有用性に目を向け、新しい価値を見出す努力をしていくことにつなげねばならない。

終わりに

「富岡製糸場と絹産業遺産群」が世界遺産に登録される見通しが報道された際、ある知人から「久しぶりに世界遺産らしい物件の登録になりそうですね」という言葉をかけられた。

富士山や平泉のように、いまさら世界遺産に登録されなくても、その知名度や価値がそれなりに広く浸透しているところではなく、なぜ世界遺産としての価値があるかをきちんと説明されないと理解されず、しかし、ひとたび理解すればその奥深さに納得する、そんな遺産が誕生するという意味であろう。

私自身、国内外の絹産業遺産の取材を始めてからそれなりの時が経っているが、例えば富岡製糸場ひとつとっても、持ち主が次々と変わっていたり、そのためもあって史料があちこちに散逸したりしていて、まだまだわからないことばかりである。しかし、小さなことでも発見があると、それが絹産業の深淵に少しは近づけてくれた気がして、喜ばしい気持ちになる。

「富岡製糸場と絹産業遺産群」には、まだまだ課題が山積みである。老朽化や耐震対策など、今後の保存のためには一〇〇億円以上はかかるという富岡製糸場への費用負担を、富岡市という人口五万人足らずの地方都市だけに担わせるべきなのか。さらに、今回登録が決まった四資産以外の絹産業遺産をどう守っていくのか。あと一〇年もしないうちに日本から養蚕農家が消えてしまいそうな衰退状況に歯止めはかけられるのか。観光客の増加を見込んで昭和の香りを残す富岡の中心部にこれ以上観光客向けの駐車場を増やすことが、長い目で見て本当に文化を守ることにつながるのか。一方で、これといった産業集積のない富岡市とその周辺が、世界遺産登録を機に、単なる観光振興ではなく、たとえば世界におけるシルクの情報発信基地として、独自のまちづくりをしていく契機とはならないのか。そして、訪問者に正確に価値を伝えるためのビジターセンターのような施設は必要ないのか、必要だとすれば、どこに作り、どんな内容にするのか。

世界遺産への登録は、もちろん地元にとってはうれしいに違いないが、こうした課題を浮き彫りにする機会でもあり、それらを地域住民やそれ以外の人々も巻き込んで考えるきっかけにしなければ、登録された真の意義を見失ってしまうことになろう。

もちろん、まず、登録された価値を知り、できれば実物を見て人ぞれぞれに何かを感じることがスタートではあるが、そのうえで、消えゆく産業や自治体レベルでは守りきれないかもしれない文化の集積を次世代にどう伝えるのか、関心を持たれた方一人一人が考えることが第一歩かもしれないと感じる。

この本は、「富岡製糸場や絹産業遺産群」についての先人の地道な調査や研究に多くを負っている。富岡製糸場の生き字引ともいえる、富岡製糸場総合研究センターの今井幹夫所長の講演や著作をはじめ、継続的にフランスなどの調査を行ってきた富岡市のスタッフや、様々な関心から調査をされてきた方々の集積を、この本にも相当使わせていただいている。論文ではないので引用の個所ごとに注はつけておらず、最後に参考文献として掲載させていただいているに過ぎないが、改めてこうした先人の皆様の調査・研究に敬意を表するとともに、この場を借りてお礼を申し上げたい。

「富岡製糸場と絹産業遺産群」の世界遺産登録が決まったカタール・ドーハの世界遺産委員会では、中国とカザフスタン、キルギスの三か国が共同で申請した「シルクロード」（英語表記では Silk Roads: the Routes Network of Chang' an-Tianshan Corridor　シルクロード：長安＝天山回廊の交易路網）もあわせて世界遺産に登録された。本来のシルクロードの起点、唐の都長安の「大雁塔」や、新疆ウイグル自治区の「キジル石窟寺院」など、古代ローマ帝国へと中国の絹を運んだルートに点在する三三か所もの遺産群が、日本の絹産業遺産群と同時に世界遺産となったのは、偶然とはいえ、何か深い縁を感じるのは私だけではないだろう。

絹をめぐる物語は、まだまだ国境を越えて、綾なす彩りに包まれていくに違いない。

二〇一四年六月二一日　「富岡製糸場と絹産業遺産群」の世界遺産登録の日に

主な参考資料

『開港と生糸貿易』　藤本実也　開港と生糸貿易刊行会　一九三九年七月
『近代蚕糸業発達史』　明石弘　明文堂　一九三九年八月
『富岡製糸所史』　藤本実也　片倉製糸紡績株式会社　一九四三年九月
『片倉工業株式会社三十年誌』　片倉工業株式会社　一九五一年三月
『富岡製糸場誌　上・下』　富岡市教育委員会　一九七七年一月
『横須賀製鉄所の人々　花ひらくフランス文化』　富田仁、西堀昭　有隣堂　一九八三年六月
『明治前期官営工場沿革—千住製絨所、新町紡績所、愛知紡績所—』　岡本幸雄・今津健治編　東洋文化社　一九八三年一一月
『尾高惇忠』　荻野勝正　さきたま出版会　一九八四年一〇月
『赤レンガ物語』　赤レンガ物語をつくる会編　あさを社　一九八六年四月
『片倉工業株式会社　創業一一七年のあゆみ』　片倉工業株式会社　一九九一年六月
『紋織の美と技　絹の都リヨンへ』　文化学園服飾博物館　一九九四年一〇月
『秩父地域絹織物資料集』　柿原謙一編　埼玉新聞社　一九九五年二月
『工女への旅　富岡製糸場から近江絹糸へ』　早田リツ子　かもがわ出版　一九九七年六月
『近代群馬の蚕糸業　産業と生活からの照射』　高崎経済大学附属産業研究所編　日本経済評論社　一九九九年二月
『明治初期の日伊蚕糸交流とイタリアの絹衣裳展』　日本絹の里　第七回企画展図録　二〇〇一年九月
『日本近代史を担った女性たち　製糸工女のエートス』　山﨑益吉　日本経済評論社　二〇〇三年二月
『原三溪物語』　新井恵美子　神奈川新聞社　二〇〇三年一二月
『皇后さまの御親蚕』　「皇室」編集部　扶桑社　二〇〇四年一〇月
『富岡製糸場の歴史と文化』　今井幹夫　みやま文庫　二〇〇六年九月

『我が祖父　川島忠之助の生涯』　川島瑞枝　皓星社　二〇〇七年六月
『日本のシルクロード　富岡製糸場と絹産業遺産群』　佐滝剛弘　中公新書ラクレ　二〇〇七年一〇月
『宮中養蚕日記』　田島民、高良留美子編　ドメス出版　二〇〇九年七月
『シルクカントリー群馬の建造物史―絹産業建造物と近代建造物―』　村田敬一　みやま文庫　二〇〇九年八月
『原三溪翁伝』　藤本実也　思文閣出版　二〇〇九年一二月
『幕末・明治日仏関係史』　リチャード・シムズ　矢田部厚彦訳　ミネルヴァ書房　二〇一〇年七月
『第三四回特別展　さいたまの製糸』　さいたま市立博物館　二〇一〇年一〇月
『明治維新と横浜居留地　英仏駐屯軍をめぐる国際関係』　石塚裕道　吉川弘文館　二〇一一年三月
『日本国の養蚕に関するイギリス公使館書記官アダムズによる報告書』　富岡市教育委員会　二〇一一年三月
『蚕にみる明治維新　渋沢栄一と養蚕教師』　鈴木芳行　吉川弘文館　二〇一一年九月
『富岡製糸場事典　シルクカントリー双書』　富岡製糸場世界遺産伝道師協会　二〇一一年一一月
『養蚕新論・田島弥平』　ぐんま島村蚕種の会　二〇一二年二月
『平成二三年度　富岡製糸場総合研究センター報告書』　富岡市　二〇一二年三月
『絵画と聖蹟でたどる　明治天皇のご生涯』　打越孝明　新人物往来社　二〇一二年七月
『富岡製糸場と絹産業遺産群』　今井幹夫　ベスト新書　二〇一四年三月
『平成二五年富岡製糸場総合研究センター報告書』　富岡市　二〇一四年三月
『〝蚕の化せし金貨なり…〟明治大正の生糸産地と横浜』　横浜開港資料館　二〇一四年四月
『Exposition KAIKO La Sériciculkture Impériale du Japon』　文化庁　二〇一四年四月
『昭憲皇太后からたどる近代』　小平美香　ぺりかん社　二〇一四年四月

富岡製糸場　略年表

年	経営母体	主な出来事
1870		富岡に建設決定
1872	官営期（21年間）	操業開始　尾高惇忠初代場長
1873		和田（横田）英入場 昭憲皇太后行啓
1875		ブリュナ帰国
1879		速水堅曹、所長に
1881		農商務省に移管
1885		速水堅曹、2度目の所長に
1891		第一回入札中止
1893	三井家（9年間）	三井家へ払い下げ
1899		津田興二、所長に
1902	原合名会社（36年間）	原合名に譲渡
1905		製糸場内に蚕業改良部創設
1906		ブリューナ、日本滞在中に製糸場を見学
1909		大久保佐一、所長に
1911		イタリア、フランスから蚕種直輸入
1923		動力を電力に変更
1924		御法川式多条繰糸機設置
1933		横山秀昭、所長に
1938	富岡製糸所（1年間）	株式会社富岡製糸所に
1939	片倉製糸紡績→片倉工業（48年間）	片倉製糸紡績に移管、原三溪逝去
1943		日本蚕糸製造に統合 昭憲皇太后行幸70年記念碑建立
1945		片倉工業に戻る
1946		昭和天皇行幸
1952		初めて自動繰糸機を導入
1961		片倉工業富岡工場に名称変更
1974		生産量最大に
1987	片倉工業（18年間）	操業停止
2003		世界遺産登録運動始まる
2005	富岡市	建物を富岡市に寄贈
2007		世界遺産暫定リストに記載
2014		世界遺産登録

著者紹介

絹産業，産業遺産などについてフィールドワークで調査・研究を行う在野の研究者．

世界文化遺産地域連携会議会員，日本イコモス会員．

世界遺産　富岡製糸場

2014年７月20日　第１版第１刷発行

著　者　遊《ゆ》子《す》谷《たに》　玲《れい》

発行者　井　村　寿　人

発行所　株式会社　勁《けい》　草《そう》　書　房

112-0005 東京都文京区水道2-1-1　振替　00150-2-175253

（編集）電話　03-3815-5277／FAX　03-3814-6968

（営業）電話　03-3814-6861／FAX　03-3814-6854

本文組版 プログレス・港北出版印刷・中永製本

ISBN978-4-326-24844-5　　Printed in Japan

http://www.keisoshobo.co.jp